爆款高颜值养生饮品一本搞定

李 宁 —— 编著

中国轻工业出版社

前言

当你想喝一杯网红店的爆款饮品时，是否曾因一勺一勺的添加剂而犹豫？

当你在减肥美容的路上反复踩坑时，是否想过一杯果蔬汁也能成为减脂加速器？

…………

这本书，正是为所有热爱生活、追求健康的你而写——我们将用简单的食材、实用的配方，带你告别“元素周期表”式的工业饮料，把网红爆款饮品、美容秘籍饮品、适合不同场景的饮品和季节养生饮品，统统装进自家的玻璃杯里。

第一章，会带你解锁“0 添加”的魔法，从爆火的奶香梅占红茶到清爽的青瓜柠檬水，让你在家就能复刻朋友圈里的高颜值饮品，每一口都喝得到食材本真的味道；第二章，专为懒人设计，把美容瘦身的需求藏进日常饮品里，无论是消水肿的芦笋净化果汁，还是抗氧化的紫甘蓝抗衰饮，都能让你在“咕咚咕咚”的每一口中悄悄收获美丽；第三章，像一本“饮品场景指南”，早餐搭配的肉桂美式、健身后的香蕉牛奶蜂蜜饮，总有一款能无缝融入你的生活节奏。

当然，身体的小烦恼也能靠喝来解决——第四章，犹如一部“身体烦恼饮品应对宝典”，涵盖缓解失眠多梦的酸枣仁助眠茶、焦虑压力大的洛神玫瑰椰子水、暖胃养胃的乌梅山楂饮等对症饮品，助力解决身体小烦恼，重归舒适状态。第五章，将传统养生智慧融入饮品，春天的山楂玫瑰花茶养肝，夏日的酸梅汤消暑，秋天的蜂蜜橘皮山楂茶润肺，冬天的姜枣桂圆茶暖身，让四季的滋养都化作杯中的暖意。

这不是一本复杂的食谱，而是一本能让你轻松上手的“饮品生活提案”。没有花哨的技巧，只有一看就会的步骤；没有昂贵的食材，只有菜市场和超市就能买到的家常好物。

愿你翻开这本书时，能找到属于自己的饮品灵感，让每一杯亲手制作的饮品，都成为生活里的“小确幸”——毕竟，美好的味道，都来自不加修饰的真心和对自己健康的认真。

北京协和医院营养科主管营养师

目录

复刻热门配方，口感好、瘦身不反弹　/ 10
轻松掌握果蔬汁搭配公式　/ 10
手冲咖啡浓缩液，简单、低成本、享受复古风味　/ 11
一看就会，咖啡浓缩液的多样喝法　/ 12
一看就懂，“椰子类”调味饮品怎么选　/ 13
自制糖浆，把饮品店搬回家　/ 14
基础茶汤泡法，在家也能轻松驾驭　/ 16
用对工具省时、省力，随心做　/ 18
放心喝，水果热量一目了然　/ 21
幸福饮，蔬菜不多不少、口感好　/ 22

第一章　在家自制“0 添加”网红爆款饮品，不喝“元素周期表”

茶基底　轻盈低卡，好喝不长肉　/ 24
奶香梅占红茶　/ 24
茉莉绝弦轻乳茶　/ 25
桃桃乌龙茶　/ 26
多肉葡萄　/ 27
茉莉奶绿　/ 28
金橘柠檬茶　/ 29
手打柠檬茶　/ 30
鸭屎香风味柠檬茶　/ 31

咖啡基底　香醇低卡，提神又醒脑　/ 32
雪梨拿铁　/ 32
茉莉花香拿铁　/ 33
橙 C 美式　/ 34
山楂美式　/ 35
杨梅气泡冰咖　/ 36
生椰拿铁　/ 37

乳制品基底 丝滑香浓，畅饮无忧 / 38
牛油果酸奶奶昔 / 38
火龙果酸奶奶昔 / 39
抹茶糍粑奶昔 / 40
茉香抹之乳 / 41
莓果纤谷酸奶饮 / 42
椰奶牛油果饮 / 44
牛油果柚香饱饱饮 / 45

果蔬基底 清新低卡，健康又美味 / 46
清火果蔬饮 / 46
羽衣甘蓝活力瓶 / 48
羽芭清畅饮 / 49
杨枝甘露 / 50
百香青柠茶 / 52
鲜橙多多 / 52
葡萄冰柠茶 / 53
西瓜啵啵茶 / 53
青瓜柠檬水 / 54
轻盈绿光饮 / 54
西柚芦荟饮 / 55
油柑茉莉爽口茶 / 55

专题 剩余果汁食材的活用法 / 56

第二章 懒人瘦身美容法，让饮品成为你的美丽加速器

瘦身纤体 羽衣甘蓝、火龙果、苹果、黄瓜、红甜椒、芦笋、莴笋尖、油菜、菠萝 / 58
推荐食材与营养搭配 / 58
刮油小绿汁 / 59
养颜小红汁 / 60
苹果胡萝卜汁 / 61
黄瓜香蕉汁 / 62
哈密瓜莴笋汁 / 62
柳橙养瘦饮 / 63
芦笋净化果汁 / 63
柳橙油菜汁 / 64
菠萝卷心菜汁 / 64

美白淡斑 番茄、柳橙、草莓、桑葚、甜菜根、胡萝卜、柠檬、青提、柑橘 / 65
推荐食材与营养搭配 / 65

番茄苹果亮白饮 / 66
苹果番茄鲜榨果汁 / 67
桑葚气泡饮 / 68
火龙果甜菜汁 / 69
养颜果蔬汁 / 69
元气满满果汁 / 70
青提黄瓜畅心饮 / 70
柑橘菠萝鲜果汁 / 71
柳橙番茄焕肤汁 / 71

排毒消化 西梅、芹菜、姜黄粉、香蕉、鲜枣、雪梨、香水柠檬、薄荷、酸奶 / 72
推荐食材与营养搭配 / 72
苹果草莓冰水 / 73
瘦身奶昔 / 74
雪梨猕猴桃香蕉汁 / 75
胡萝卜番茄苹果汁 / 75
阳光红芹菜汁 / 76
姜黄芒果水 / 76
雪梨薄荷黄瓜汁 / 77
柑夏暖暖汁 / 77

抗氧化、防晒 蓝莓、刺梨、紫甘蓝、桑葚、芒果、猕猴桃、香蕉、黄桃、木瓜 / 78
推荐食材与营养搭配 / 78
紫甘蓝抗衰饮 / 79
紫甘蓝番茄防衰果蔬汁 / 80
火龙果香蕉汁 / 81
雪梨红枣茶 / 81
维生素精力汁 / 82
黄桃奶昔 / 82
菠萝木瓜汁 / 83
哈密瓜猕猴桃汁 / 83

防干燥、抗皱纹 小番茄、南瓜、金橘、芦荟、枇杷、莲雾、生姜、玫瑰茄、罗汉果 / 84
推荐食材与营养搭配 / 84
益生菌雪梨汁 / 85
苹果生姜汁 / 86
南瓜香蕉奶昔 / 87
苹果柠檬汁 / 87
莲雾雪梨汁 / 88
雪梨罗汉果饮 / 88

调节免疫力 鲜枣、生姜、山药、白菜、白萝卜、柚子 / 89
推荐食材与营养搭配 / 89
胡萝卜红枣能量饮 / 90
苹果黄芪养生水 / 91
西芹苹果汁 / 92
香蕉山药坚果奶昔 / 92
白菜柳橙汁 / 93
雪梨白萝卜汁 / 93
白萝卜蜂蜜汁 / 94
柚橘姜果汁 / 94

第三章 从早到晚，从忙到闲，不同场景的饮品搭配

早起醒脑 唤醒活力 / 96

抹茶奶盖拿铁 / 96

肉桂美式 / 97

午后休闲 清爽提神 / 98

红茶鸳鸯拿铁 / 98

香蕉丝滑拿铁 / 99

火锅撸串 去辣解腻 / 100

苹果热橙茶 / 100

草莓热红茶 / 101

乌梅小番茄汁 / 102

解腻山楂汁 / 103

户外露营 美味共享 / 104

棒打香橙 / 104

青提茉莉 / 105

蜂蜜柠檬百香果 / 106

大餐嗨吃 急需补救 / 107

话梅柠檬茶 / 107

纤活红柠汁 / 108

玫瑰杨梅饮 / 109

常吃外卖 果蔬不足 / 110

浓醇芦笋汁 / 110

雪梨西瓜汁 / 111

奇亚籽黄瓜汁 / 112

火龙果草莓汁 / 113

节食久坐 “嗯嗯”不畅 / 114

芦笋苹果净化汁 / 114

菠萝酸奶奶昔 / 115

南洋黄金果汁 / 116

菠萝胡萝卜果汁 / 117

工作学习 缓解压力 / 118

芒芒生打椰 / 118

百香果气泡水 / 119

薄荷柠檬茶 / 120

蓝莓玫瑰花茶 / 121

运动健身 恢复体力 / 122

香蕉牛奶蜂蜜饮 / 122

牛油果巴旦木甘露 / 123

冰蓝椰青水 / 124

甜菜根苹果汁 / 125

熬夜加班 打工续命水 / 126

西洋参红枣茶 / 126

胡萝卜橙 C 茶 / 127

草莓杏仁奶昔 / 128

生椰牛油果 / 129

桑葚双花茶 / 130

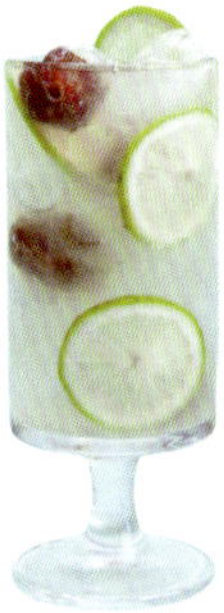

第四章 身体小烦恼的对症饮品，越喝越舒服

湿气重、疲劳乏力

五指毛桃祛湿水 / 132
四神健脾祛湿茶 / 133
苹果冬瓜姜水 / 134
柠檬薏米水 / 135

失眠多梦，安神助眠

酸枣仁助眠茶 / 136
黄瓜薄荷气泡水 / 137
洋甘菊橙橙冰茶 / 138
诺丽果饮 / 139

焦虑、压力大

洛神玫瑰椰子水 / 140
芒果冰茉莉 / 141
薄荷番茄美式 / 142
芒果柠檬茶 / 143

眼睛干涩、疲劳

枸杞金银花水 / 144
蓝莓养眼杯 / 145
茅根胡萝卜水 / 146
抹茶桑葚牛乳 / 147

怕冷、手脚凉

焦糖热橙茶 / 148
姜丝丁香茶 / 150
艾草姜米茶 / 151
自制姜汁撞奶 / 152

暖胃、养胃

乌梅山楂饮 / 153
猴头菇山药沙棘茶 / 154
三焦健胃茶 / 154
蜂蜜柚子茶 / 155

散结节养生饮

桂花雪梨饮 / 156
诺丽果枸杞散结饮 / 157
桂圆玫瑰红茶 / 158
罗汉果橘红茶 / 158

痛经，暖宫热饮

姜枣暖肚驱寒饮 / 159
红枣桃胶炖奶 / 160
气血双补五红饮 / 161
桑葚玫瑰热饮 / 161
姜枣橘子汁 / 162
生姜红糖水 / 162

第五章 春养肝、夏消暑、秋润燥、冬暖身，不同时节的养身饮品智慧

春日养肝茶 养肝明目，清热祛湿 / 164
山楂玫瑰花茶 / 164
莲子山药红枣茶 / 164
党参红枣枸杞茶 / 165
白术茯苓甘草茶 / 165
白芍枸杞菊花茶 / 166
薏米山药薄荷茶 / 166

夏日续命水 清暑热解，生津止渴 / 167
党参麦冬瓜皮茶 / 167
茯苓陈皮扁豆茶 / 167
二豆茯苓茶 / 168
小麦百合红枣茶 / 168
荷叶洋参茶 / 169
酸梅汤 / 169

秋天补气茶 润肺滋阴，防燥护肺 / 170
百合雪梨红枣茶 / 170
玄参麦冬玉竹茶 / 170
养正辟邪茶 / 171
蜂蜜橘皮山楂茶 / 171
黄芪菊花茶 / 172
麦芽玉竹桂花茶 / 172

冬日养生茶 温补驱寒，调节免疫力 / 173
四君子汤 / 173
姜枣桂圆茶 / 173
人参红枣茶 / 174
熟地滋肾茶 / 174
黄芪红枣茶 / 175
琼玉茶 / 175

复刻热门配方，口感好、瘦身不反弹

在这个快节奏的时代，想要颜值在线、身材绝佳，还要内心“小确幸”？是不是觉得每天 8 杯水、草本茶养生……这些小贴士多得让人眼花缭乱？别怕，只要掌握这三大绝招，让你轻松享受美味与健康的完美碰撞。

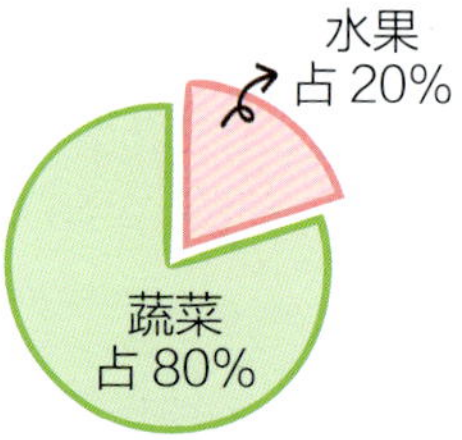

减少果糖的摄入

增加果蔬种类和颜色，营养更丰富

使用破壁机制作，保留更多膳食纤维

轻松掌握果蔬汁搭配公式

增加甜味
苹果、梨、菠萝、芒果等

加点酸味
柑橘类，如柠檬、橙子、柚子等

丰富口感
香蕉、木瓜、牛油果等

特殊风味
生姜、苦瓜及坚果类等

增加水分
水、牛奶、椰子水、椰奶、酸奶等

基底 甘蓝类、西芹、菠菜、黄瓜等

Tips

- ☑ 硬质的先切碎再榨汁
- ☑ 不要过滤掉渣渣，营养都在里面
- ☑ 根据口味和喜好调整食材比重

手冲咖啡浓缩液，
简单、低成本、享受复古风味

手冲咖啡浓缩液步骤

1. 称豆与研磨

15 克咖啡豆
研磨度：白砂糖颗粒大小
太粗会寡淡，太细易苦涩

2. 烧水与温杯

水温：根据咖啡豆烘焙度调整
浅烘焙咖啡豆：90～95℃
中烘焙咖啡豆：88～92℃
深烘焙咖啡豆：85～88℃

用热水冲洗滤纸和滤杯，并倒入分享壶中预热，倒掉热水，以避免咖啡在萃取过程中降温过快。

3. 闷蒸

将研磨好的咖啡粉倒入滤杯中，轻轻拍平。先注入相当于咖啡粉重量 2 倍的热水（例如 15 克咖啡粉需注入 30 毫升热水），让咖啡粉均匀吸水膨胀

等待 20～30 秒，观察咖啡粉鼓起并排出二氧化碳

4. 分段注水

将滤杯放入分享壶上面，按下面比例注入热水

水跟湿咖啡粉比例 1∶15～1∶17（例如 15 克咖啡粉对应 225～255 毫升水）

第一段注水：约总水量的 60%
第二段注水：约总水量的 40%

从中心向外画圈注水，确保覆盖全部湿咖啡粉，避免直接冲滤纸
注水时间需控制在 1 分 30 秒到 2 分钟之间

5. 结束萃取

当滤杯中的咖啡液完全滴落至分享壶后，移开滤杯，轻轻摇晃分享壶，使咖啡液混合均匀

一看就会，咖啡浓缩液的多样喝法

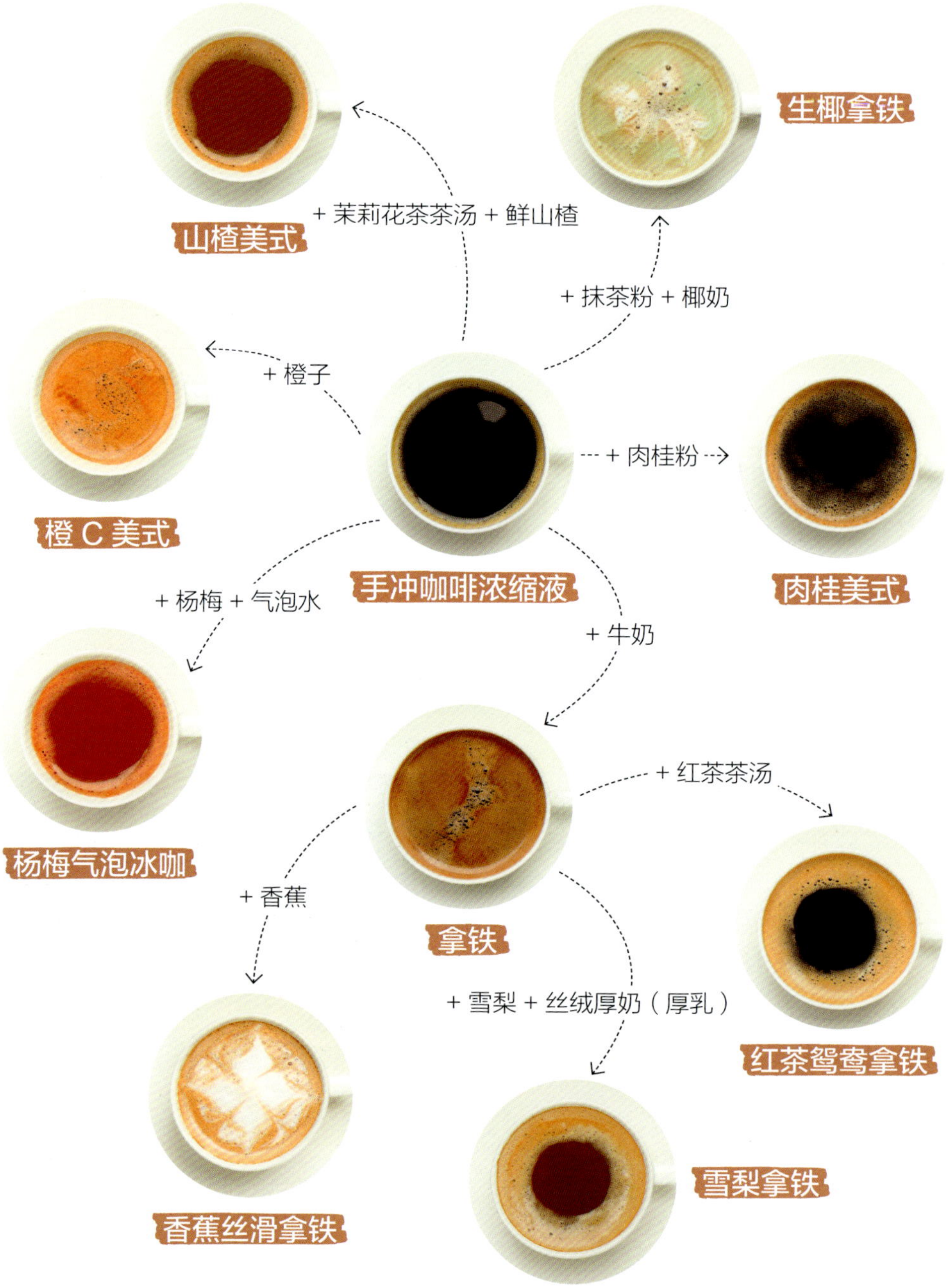

一看就懂，“椰子类”调味饮品怎么选

椰奶

椰肉＋水研磨，质地浓稠，椰香浓郁，用于甜品、咖喱调味。

椰乳

椰肉＋水＋糖＋乳化剂，质地介于椰奶和椰汁之间，口感顺滑，甜度适中，适合做生椰拿铁。

椰汁

椰肉＋水＋白砂糖榨取，质地较稀，甜润清爽，可直接饮用或做饮品。

椰子水

椰子内部天然液体，透明如水，口感清爽，味道清甜，解渴、补充电解质。

自制糖浆，把饮品店搬回家

冰糖糖浆

冰糖 + 水 = 冰糖糖浆

常见比例

1：1 冰糖糖浆：1 份糖 + 1 份水

口感清爽，不会增加明显的黏稠感，适合大部分果蔬汁类饮品的调味，如青瓜柠檬水、油柑茉莉爽口茶。

2：1 冰糖糖浆：2 份糖 + 1 份水

口感醇厚，特别适合需要精细甜度调控风味的咖啡饮品，少量添加即可达到理想甜度，同时还能减少对咖啡深度的稀释，但需充分搅拌以确保均匀化开，如薄荷番茄美式。

制作方法

1 称重并混合糖和水，中小火加热至糖完全化开，无须煮沸，防止水分蒸发过度导致比例不准确。
2 待糖浆冷却后，将其密封冷藏保存，保质期约 1 个月。

Tips

- 玻璃瓶密封冷藏储存。
- 制作糖浆以及保存糖浆的器具使用前都要保持干爽。
- 可添加少量柠檬汁（1%～2%）延长保质期。
- 除了冰糖外，也可选择白砂糖或红糖。

风味糖浆

薄荷糖浆

常见比例

1：1，即 1 份冰糖糖浆 +1 份新鲜薄荷叶

糖浆冷却后放入洗净沥干的薄荷叶浸泡 12 小时

玫瑰糖浆

常见比例

1：1，即 1 份冰糖糖浆 +1 份玫瑰花瓣

加热糖浆至沸腾然后加入洗净的玫瑰花瓣，关火闷 10 分钟

Tips

- 避免过度加热草本，防止出现苦味。
- 草本糖浆易氧化，建议 3 天内用完。

基础茶汤泡法，在家也能轻松驾驭

基础茶类泡法——清饮 / 调饮基底

好喝原因

低温短时，保留氨基酸的鲜爽感

水温

80～85℃（沸水放2分钟，叶芽细嫩的茶用75℃）

茶水比

1∶60（5克茶+300毫升水）

做法

1 玻璃杯温杯后投茶，加1/3温水"润茶"10秒（唤醒茶香）。

2 沿杯壁缓注剩余温水，采用"下投法"（先茶后水），避免搅拌。

3 首泡时间1分钟，续泡每次增加30秒，可泡3～4次。

Tips

☑ 在炎热夏日，也可选择冷泡茶调配饮品。

冷泡茶（茶∶水＝1∶100，冷藏约6小时）搭配柠檬/蜂蜜制成清新果茶。

☑ 可根据茶类，调整冷藏时间。

茶类	绿茶	白茶	乌龙茶	红茶	黄茶	花茶
冷藏时间（小时）	4～6	4～6	6～8	6～8	4～6	3～6

茶汤调饮黄金法则

酸甜平衡

茶汤苦味重时加柠檬汁（3 毫升 / 杯），过酸时加糖浆（5~10 毫升 / 杯）。

视觉提升

保留茶汤中完整花瓣（如玫瑰、洛神花），并将水果切片贴杯壁，以增加分层美感。

香气搭配

花香茶配淡奶（如桂花乌龙 + 椰奶），坚果香茶配奶油（如大红袍 + 芝士奶盖）。

掌握不同茶汤的核心泡法，搭配此前自制的冰糖糖浆、薄荷糖浆，即可轻松复刻奶茶店的百变饮品——从清爽绿茶基底的柠檬茶，到醇厚茉莉基底的茉莉花香拿铁，再到茉莉奶绿，在家也能实现专业级风味！

家庭实操工具替代方案

测温工具 → 沸水放置时间估算，2 分钟≈85℃，3 分钟≈80℃，5 分钟≈70℃。

过滤工具 → 纱布 / 咖啡滤纸替代茶漏，细密筛网滤碎渣（果蔬渣建议不过滤，以增加膳食纤维的摄入量）。

冷泡容器 → 玻璃密封罐冷藏期间摇匀 2~3 次（如开始 1 次，中途 1 次，结束前 1 次），轻柔翻转即可，避免剧烈摇晃。

注：冷泡茶冷藏最多保存 48 小时。

用对工具省时、省力，随心做

各款成品杯

用来盛装各种饮品，
不同的饮品可以搭配
不同的杯子

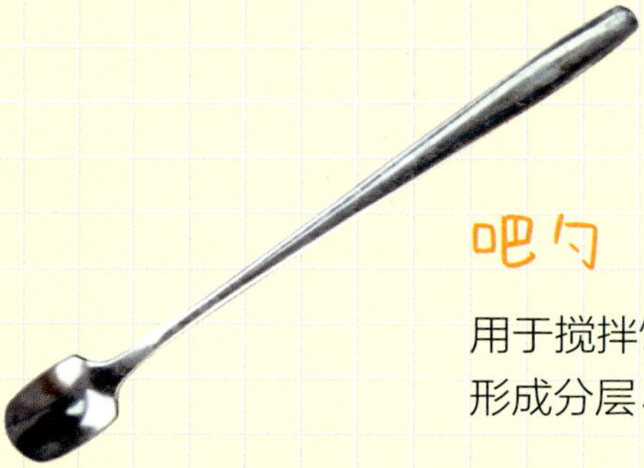

吧勺

用于搅拌饮品、引流饮品，
形成分层、果酱挂壁等

雪克杯

用于混合各种原料，
也可以加冰块摇晃
使饮品快速降温

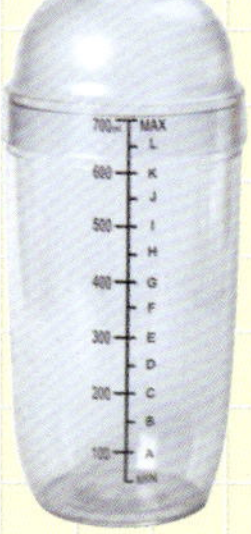

捣碎棍

用于捣冰块、各种
果制品

量杯

用于测量各种液体
原料的分量

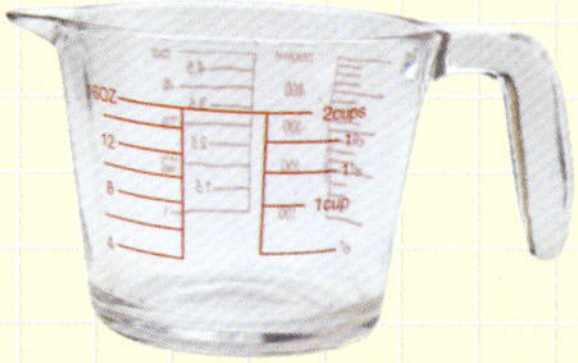

柠檬榨汁器

主要用于压取柠檬汁，将柠檬切成两半，并挤压

计时器

可以设定时间，制作过程中提醒下一步操作，可用于泡茶计时等

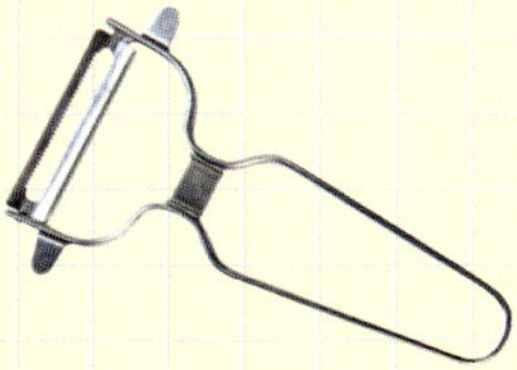

削皮器

用于削去果蔬皮

电子秤

用于称取各种原材料的克重

电动搅拌棒

用于打发奶盖、蛋清等绵密材质；也可以用于快速混合液体和粉类

计量勺

用于测量粉类食材的规格，常用规格为 1 克、2.5 克、5 克、10 克、15 克

滤网

用于过滤饮品，获取更细腻的口感

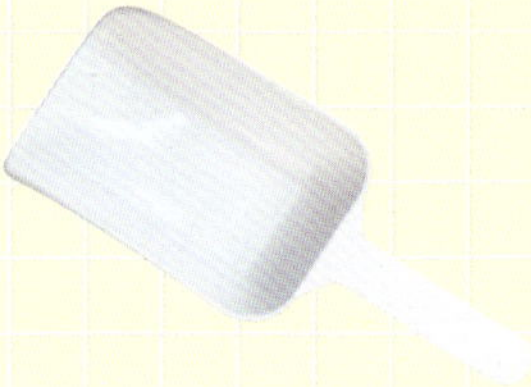

冰铲

用于铲取冰块，不要直接用手拿冰块

冰盒

用于制作冰块，各种冰饮、渐变分层饮品都需要使用冰块

养生壶

通过低温慢煮保留食材营养，适合需要加热或长时间炖煮的饮品。如姜枣茶、桂圆红枣茶等

料理机

通过刀片旋转实现搅拌、打碎、研磨，料理机既能处理较软的食材（如水果、蔬菜），也能处理具有一定硬度的食材（如冰块、小块坚果），使饮品口感细腻且保留部分膳食纤维，适合喜欢颗粒感的人群

榨汁机

通过物理压榨或离心力分离果汁与残渣，榨出的果汁口感清爽。可制作纯果汁（如橙汁、胡萝卜汁），搭配气泡水或糖浆制成果汁饮品

破壁机

通过超高转速打破食材细胞壁，释放营养。可处理坚果、冰块等坚硬食材，还适用于果蔬汁，如羽衣甘蓝汁、柠檬汁，保留膳食纤维，饱腹感强，打出的饮品口感细腻顺滑

放心喝，水果热量一目了然

香蕉

1 根约 160 克
热量 138 千卡

芒果

1 个约 150 克
热量 53 千卡

雪梨

1 个约 160 克
热量 60 千卡

红心火龙果

半个约 200 克
热量 110 千卡

红西柚

1/4 个 160 克
热量 67 千卡

苹果

1 个约 200 克
热量 106 千卡

猕猴桃

1 个约 80 克
热量 48 千卡

黄桃

1 个约 150 克
热量 84 千卡

蓝莓

16 颗约 50 克
热量 29 千卡

草莓

4 个约 100 克
热量 32 千卡

青提

8 粒约 100 克
热量 45 千卡

菠萝

1 块约 100 克
热量 44 千卡

莲雾

1 个约 80 克
热量 26 千卡

芭乐

1 个约 150 克
热量 102 千卡

牛油果

半个约 60 克
热量 103 千卡

* 实际分量因水果种类而异，以上仅供参考
* 1 千卡（kcal）= 4.184 千焦（kJ）。如想将能量从千卡转换为千焦，可将千卡数值乘以 4.184。如：500 千卡 = 500 × 4.184 = 2092 千焦

幸福饮，
蔬菜不多不少、口感好

菠菜

1把约50克
热量14千卡

西芹

6段约50克
热量7千卡

油菜

1把约100克
热量14千卡

小番茄

6个约80克
热量25千卡

胡萝卜

1根约80克
热量37千卡

芦荟

2段约100克
热量16千卡

南瓜

1块约100克
热量23千卡

红甜椒

1个约200克
热量36千卡

黄瓜

1根约160克
热量32千卡

生姜

1块约50克
热量23千卡

白萝卜

1段约100克
热量16千卡

芦笋

2根约50克
热量9千卡

羽衣甘蓝

2片叶子约30克
热量21千卡

白菜

2片叶子约80克
热量16千卡

紫甘蓝

1块约100克
热量25千卡

* 实际分量因蔬菜种类而异，以上仅供参考

第一章

在家自制“0 添加”网红爆款饮品，不喝“元素周期表”

茶基底

轻盈低卡，好喝不长肉

奶香梅占红茶

疲劳乏力时，来一杯奶香梅占红茶，它富含茶多酚、咖啡碱、蛋白质以及 B 族维生素，有助于抗氧化、延缓衰老，缓解压力和疲劳，维护肠道健康等。

材料

梅占红茶茶汤 ……… 120 毫升
牛奶 …………………… 100 毫升
冰糖糖浆 ……………… 20 毫升
奶油 ………………………… 适量
冰块 ………………………… 适量
碧根果 ……………………… 适量
迷迭香 ……………………… 少许

做法

1 雪克杯中倒入梅占红茶茶汤、冰糖糖浆、牛奶、冰块，充分摇匀；碧根果碾碎。
2 将雪克杯中的饮品倒入成品杯中，将奶油装入裱花袋，挤在饮品表面，撒上碧根果碎，点缀上洗净的迷迭香即可。

适合这些人

☑ 疲劳乏力
☑ 心情抑郁

自制好喝秘诀

加入雪顶味道更香更绵密

取冷藏后的淡奶油 300 克，加入自制冰糖糖浆（见第 14 页），用电动搅拌棒搅拌均匀，然后开高速挡打发 3 分钟出现奶油状。取一个裱花袋，剪口装上裱花嘴，倒入打发好的奶油，挤在茶饮表面即可完成雪顶。

茉莉绝弦轻乳茶

下午工作犯困，来一杯茉莉绝弦轻乳茶，其中的茶多酚与茶氨酸协同作用，缓解咖啡因可能引发的心悸或焦虑，实现“清醒而不躁动”的状态。

材料

- 茉莉绿茶茶汤 ········ 300 毫升
- 牛奶 ····················· 100 毫升
- 淡奶油 ···················· 50 毫升
- 炼乳 ··························· 20 克
- 冰糖糖浆 ····················· 少许
- 冰块 ···························· 少许
- 茉莉花 ························ 少许

做法

1 在雪克杯中加冰块、冰糖糖浆、牛奶、淡奶油、炼乳和茉莉绿茶茶汤，用吧勺（勺子）充分搅拌。

2 盖紧盖子后摇晃 10 秒，让茶汤充分混合，然后倒入成品杯中，点缀上茉莉花饮用即可。

适合这些人

- ☑ 没精神
- ☑ 困倦
- ☑ 注意力不集中

桃桃乌龙茶

没有精神，感到体虚乏力，来一杯桃桃乌龙茶吧！茶中的咖啡因和黄桃的清新香气都能帮助人提振精神，唤醒专注力，很适合在疲惫时饮用。

材料

气泡水 ……………… 300 毫升
小黄桃 …… 4 个（约 300 克）
乌龙茶 ……………………… 2 克
冰块 ……………………… 适量

适合这些人

- ☑ 倦怠乏力
- ☑ 食欲不振

做法

1. 将乌龙茶放入杯中，用热水浸泡 5 分钟，滤出茶汤备用；小黄桃洗净，去皮，去核，切块。
2. 将小黄桃块放入雪克杯中，用捣碎槌捣烂出汁，再加入凉凉的乌龙茶茶汤，加入冰块，充分摇匀。
3. 倒入成品杯中，倒入气泡水，插上吸管即可饮用。

多肉葡萄

眼睛疲劳、视力下降，喝一杯多肉葡萄吧！中医认为，青提清肝明目，绿茶清热解毒，这些都有助于缓解眼睛疲劳，保护视力。电脑族、手机族喝起来！

材料

茉莉花茶茶汤 ········ 120 毫升
葡萄 ·········· 8 粒（约 100 克）
青提 ··········· 4 粒（约 50 克）
冰糖糖浆 ····················· 适量
冰块 ························· 适量
酸奶 ························· 适量

适合这些人

- ☑ 体虚乏力
- ☑ 心烦
- ☑ 眼睛疲劳

做法

1 青提、葡萄分别洗净，剥皮，去子，取一部分葡萄、青提放入雪克杯中用捣碎槌捣烂。

2 料理机中加入茉莉花茶茶汤、剩余葡萄、青提、冰糖糖浆和冰块，启动开关榨成冰沙。

3 先将雪克杯中的果汁和果肉倒入成品杯中，再倒入料理机中的冰沙，最后倒入酸奶即可饮用。

茉莉奶绿

情绪紧张时来一杯茉莉奶绿吧！中医认为，茉莉花茶可以理中开郁、和中下气，牛奶补虚损，可帮助提高注意力和反应能力，两者结合有助于缓解疲劳和压力。

材料

茉莉绿茶茶汤 ……… 220 毫升
牛奶 …………………… 100 毫升
抹茶粉 ………………………… 适量
冰糖糖浆 ……………………… 适量
冰块 …………………………… 适量

适合这些人

- ☑ 目赤肿痛
- ☑ 心烦气躁
- ☑ 虚弱劳损

做法

1 雪克杯中倒入牛奶、茉莉绿茶茶汤（留少许）和冰糖糖浆，再加入适量冰块，充分摇匀。
2 将抹茶粉过筛后倒入另一个杯中，倒入预留的茉莉绿茶茶汤，用勺子充分搅拌。
3 将雪克杯中的茶汤倒入成品杯，再倒入做法 2 的抹茶茶汤，搅拌均匀，插上吸管即可饮用。

自制好喝秘诀

冰糖糖浆可换成蜂蜜

蜂蜜的天然甜味可以提升奶茶的口感，使其味道更加绵密醇厚。不过，在冲泡奶茶时，需要注意蜂蜜不宜用沸水冲饮，以免破坏其营养成分。

金橘柠檬茶

咽喉干痒、咳嗽，可以喝金橘柠檬茶，不仅可以帮助化痰止咳，还可以生津止渴，可缓解咽喉不适。

材料

金橘 ………… 3个
柠檬 ………… 20克
红茶茶汤 ………… 200毫升
冰糖糖浆 ………… 20毫升
盐 ………… 少许

做法

1 用盐搓洗金橘，洗净后，将金橘对半切开；柠檬洗净，切片，去子。
2 养生壶中倒入红茶茶汤，加入金橘和柠檬片，煮开后关火。
3 待降至适宜温度，倒入成品杯，加少许冰糖糖浆，搅拌均匀即可饮用。

适合这些人

- ☑ 口干
- ☑ 讲话过多
- ☑ 咽喉干痒、咳嗽

手打柠檬茶

没有精神，感到体虚乏力，可来一杯手打柠檬茶，茶中的咖啡因和柠檬的清新香气都能帮助人提振精神，唤醒专注力，很适合在疲惫时饮用。

适合这些人

- ☑ 倦怠乏力
- ☑ 消化不良
- ☑ 食欲不振

材料

香水柠檬	30 克
青柠	20 克
柠檬	20 克
冰糖糖浆	少许
盐	少许
绿茶茶汤	适量
薄荷叶	少许
冰块	适量

做法

1. 将香水柠檬、青柠、柠檬分别用盐搓洗表面，去除蜡质和杂质，然后冲洗干净，切片或块，去子备用；薄荷叶洗净。
2. 取一个杯子，放入一部分柠檬片、青柠块、香水柠檬片和薄荷叶，用捣碎槌捣碎，释放出香气和汁水。
3. 加入冰糖糖浆和冰块，倒入绿茶茶汤，放入剩余柠檬片、青柠块、香水柠檬片和薄荷叶，搅拌均匀，点缀上薄荷叶，插上吸管即可饮用。

自制好喝秘诀

制作时柠檬要去子

香水柠檬的香气很足，但是酸度不够，而黄柠檬则恰恰相反，二者搭配使用味道更佳。制作手打柠檬茶时，最好将柠檬去子，否则会发苦。

鸭屎香风味柠檬茶

重口味食物吃太多，来一杯鸭屎香风味柠檬茶吧！它具有生津止渴的作用，柠檬含有的柠檬酸不仅能刺激胃液分泌，帮助消化，还能刺激唾液分泌，增加口腔湿润感。

适合这些人

- ☑ 倦怠乏力
- ☑ 消化不良
- ☑ 口干舌燥

材料

鸭屎香茶茶汤 ········ 200 毫升
香水柠檬 ···················· 40 克
冰块 ····························· 适量
冰糖糖浆 ······················ 少许

做法

1 香水柠檬洗净，切片，去子。
2 将部分香水柠檬片放入柠檬榨汁器中，挤出汁，倒入成品杯中。
3 往雪克杯中加入冰糖糖浆、冰块、剩余香水柠檬片和鸭屎香茶茶汤，充分摇匀倒入成品杯中即可饮用。

咖啡基底

香醇低卡，提神又醒脑

适合这些人

- ☑ 烦躁不安
- ☑ 便秘
- ☑ 口渴

雪梨拿铁

工作有点辛苦，来！让一杯雪梨拿铁为你加点甜。雪梨清甜，含有膳食纤维、碳水化合物、B 族维生素等营养成分，搭配咖啡的微苦，苦甜交融，提神又治愈。

材料

牛奶 …………………… 150 毫升
雪梨 ……… 半个（约 100 克）
丝绒厚奶（厚乳）…… 75 毫升
咖啡浓缩液 …………… 30 毫升
冰块 ………………………… 适量

做法

1 将雪梨洗净切片，部分放入榨汁机中榨成梨汁。
2 把丝绒厚奶及牛奶倒入成品杯中，搅拌均匀。
3 成品杯中加入冰块，再倒入梨汁和咖啡浓缩液，搅拌均匀，点缀上雪梨片，即可饮用。

自制好喝秘诀

自制雪梨汁

取雪梨 1 个，洗净，去皮，切块，准备冰糖少许，并在锅中倒入 1000 毫升水。把切好的梨放入锅中，大火煮开后转小火煮 8 分钟。之后加入冰糖，煮至冰糖化开关火。把煮好的梨和水倒入破壁机中，按下果汁键榨成汁即可。雪梨汁可帮助清热降火，生津止渴。

茉莉花香拿铁

盯着屏幕工作时间久了眼睛干涩、肿痛，来一杯茉莉花香拿铁吧！茉莉花茶富含茉莉酮、B 族维生素等营养成分，加上咖啡，不仅有助于抗氧化，还能缓解焦虑，减轻压力，让你动力十足！

材料

牛奶 …………………… 120 毫升
茉莉花茶茶汤 ……… 100 毫升
咖啡浓缩液 …………… 30 毫升
冰块 ……………………… 适量

做法

1 将牛奶倒入杯中，再倒入茉莉花茶茶汤，搅拌一下。
2 杯中加入冰块，最后倒入咖啡浓缩液，插上吸管即可饮用。

适合这些人

- ☑ 目赤肿痛
- ☑ 身体乏困
- ☑ 焦虑、抑郁

橙 C 美式

脾胃不和，心烦恶心，来一杯橙 C 美式吧！橙子富含维生素 C 和膳食纤维等营养成分，不仅能促进消化液的分泌，增强食欲，还能缓解恶心感。搭配咖啡更能刺激味蕾，促进消化。

材料

橙子 ……… 1 个（约 150 克）
咖啡浓缩液 ………… 30 毫升
冰块 ……………………… 适量

做法

1 将橙子洗净，切 2 片备用，剩下的去皮，放入榨汁机中榨成汁，倒入成品杯中，加入冰块。

2 杯中最后倒入咖啡浓缩液，点缀上橙子片即可饮用。

自制好喝秘诀

鲜榨橙汁最健康

取 5 个新鲜橙子，去皮，去子。将处理好的橙子果肉全部放入榨汁机中，加入适量饮用水，按果蔬键榨汁，即可完成。建议不用滤网过滤，可保留更多膳食纤维。如果更喜欢细腻丝滑的口感也可过滤，看个人喜好。

山楂美式

吃多了不消化、嗳气，可来一杯山楂美式。山楂味酸、甘，性微温，入脾、胃、肝经，可健胃消食，行气活血，搭配咖啡不仅可以缓解饮食积滞的症状，还可以加速脂肪燃烧，有助于控制体重。

材料

茉莉花茶茶汤 ········ 125毫升
鲜山楂 ······· 5个（约30克）
咖啡浓缩液 ············· 30毫升
冰块 ····························· 适量

适合这些人

☑ 饮食积滞
☑ 气短乏力
☑ 肥胖

做法

1 鲜山楂洗净，去子，切片，一部分放入榨汁机中，加入茉莉花茶茶汤，搅打成汁，倒入成品杯中。
2 杯中加入冰块和剩余山楂片，最后倒入咖啡浓缩液即可饮用。

杨梅气泡冰咖

杨梅气泡冰咖是天然的“美容水”，杨梅富含花青素和维生素 C 等营养成分，这些成分具有一定的抗氧化作用。熬夜后第二天早起饮用一杯，有助于改善肌肤暗沉，让脸蛋看起来更加透亮。

材料

杨梅 ………… 8 颗（约 70 克）
咖啡浓缩液 ………… 30 毫升
气泡水 ……………………… 适量
冰块 ………………………… 适量
薄荷叶 ……………………… 适量

做法

1 杨梅洗净，取 7 颗放入雪克杯中用捣碎槌捣碎出汁，倒入成品杯中。
2 往杯中依次加入冰块、咖啡浓缩液和气泡水。
3 剩下的杨梅用签子穿好，摆在杯子上，点缀上洗净的薄荷叶即可饮用。

适合这些人

☑ 面色暗沉
☑ 没精神

生椰拿铁

早起面部浮肿，不妨来一杯生椰拿铁，它富含咖啡因，咖啡因具有利尿作用，可以帮助排出体内多余水分，从而缓解水肿。

材料

椰奶 ························ 150 毫升
咖啡浓缩液 ············· 30 毫升
抹茶粉 ·························· 5 克
冰块 ····························· 适量

做法

1 将抹茶粉过筛后倒入杯中，加入少许饮用水，搅拌至化开。
2 成品杯中加入冰块，倒入咖啡浓缩液，再倒入椰奶。
3 缓缓倒入抹茶液，搅拌后即可饮用。

适合这些人

☑ 面部水肿
☑ 没精神

乳制品基底

丝滑香浓，畅饮无忧

适合这些人

- ☑ 口干舌燥
- ☑ 便秘
- ☑ 消化不良

牛油果酸奶奶昔

吃得太多消化不良，可以来一杯牛油果酸奶奶昔。酸奶富含益生菌、蛋白质、维生素、钙等营养成分，搭配牛油果不仅美味，还可帮助消化，通润肠道。

材料

牛奶 …………………… 200 毫升
牛油果 …… 1 个（约 120 克）
酸奶 …………………… 100 毫升
香蕉 ………… 半根（约 80 克）
巴旦木 …………………… 10 克
冰块 ………………………… 适量
冰糖糖浆 …………………… 适量

做法

1 牛油果洗净，去皮、核，切小块；香蕉去皮，切段；巴旦木碾碎。
2 将部分牛油果块、香蕉段、酸奶、牛奶和部分冰块倒入料理机中，搅打成冰沙。
3 倒入成品杯中，加入冰糖糖浆、剩余牛油果块及冰块搅拌均匀，点缀上巴旦木碎即可饮用。

自制好喝秘诀

酸奶最好选用活菌酸奶

活菌酸奶储存在低温的环境中，可使乳酸菌保持活性，从而有助于改善胃肠功能，缓解消化不良、腹胀和腹泻等问题，同时，它有双向调节的作用，还可促进肠道蠕动，预防便秘。

火龙果酸奶奶昔

小肚子突出就喝火龙果酸奶奶昔，它富含膳食纤维、益生菌和多种维生素等营养成分，既能促进肠道蠕动、帮助消化，又能为身体提供所需的营养，帮助减脂。

材料

酸奶 ……………… 1瓶（约300毫升）
红心火龙果 ……… 半个（约200克）
薄荷叶 ……………………………… 少许
冰块 ………………………………… 适量

适合这些人

☑ 便秘
☑ 消化不良

做法

1 将红心火龙果洗净后去皮，切块。
2 将一部分切好的火龙果块放入成品杯中，用捣碎槌捣碎，倒入少许酸奶。
3 将剩余部分火龙果块倒入榨汁机中，加入适量酸奶，搅打好后倒入成品杯中，加入冰块，上面点缀上剩余火龙果块和洗净的薄荷叶即可。

抹茶糍粑奶昔

肠胃不适时，来一杯抹茶糍粑奶昔。抹茶中含有膳食纤维、茶多酚等成分，酸奶中含有益生菌，二者均有助于改善胃肠功能，促进消化。

材料

酸奶 ························ 200 毫升
糍粑 ································ 20 克
抹茶粉 ···························· 5 克

做法

1 将部分抹茶粉过筛后倒入成品杯中，加少许酸奶，搅拌制成抹茶酸奶。用勺子蘸取少许抹茶酸奶，在成品杯壁上均匀涂抹，做出挂壁效果。
2 将糍粑切丁，倒入抹茶粉，搅拌至每个糍粑丁都粘满抹茶粉。
3 将剩余酸奶和抹茶粉混合，搅拌均匀，倒入杯中，将抹茶糍粑倒在奶昔上面即可。

适合这些人

- ☑ 肠胃功能弱
- ☑ 精神不振
- ☑ 肠鸣

茉香抹之乳

当眼睛干涩，喝一杯茉香抹之乳，有助于缓解视力疲劳，此外，茉莉花茶还含有咖啡碱，能够兴奋中枢神经，起到提神醒脑的效果。

材料

牛奶 …………………… 250 毫升
茉莉花茶茶汤 ……… 100 毫升
冰糖糖浆 ……………… 15 毫升
淡奶油 …………………… 10 克
抹茶粉 …………………… 5 克
冰块 ………………………… 适量

做法

1 将茉莉花茶茶汤、冰糖糖浆和牛奶倒入成品杯中，搅拌均匀，加入冰块。
2 把部分过筛后的抹茶粉倒入容器中，加入淡奶油，用电动搅拌棒搅拌成奶油状，制成抹茶奶盖。
3 将抹茶奶盖倒入成品杯中，撒上抹茶粉即可饮用。

适合这些人

☑ 眼睛干涩
☑ 焦虑

莓果纤谷酸奶饮

夏天湿气重，来一杯莓果纤谷酸奶饮，它富含电解质、活性益生菌和膳食纤维，有助于调节水液代谢，促进肠道健康。

材料

做法

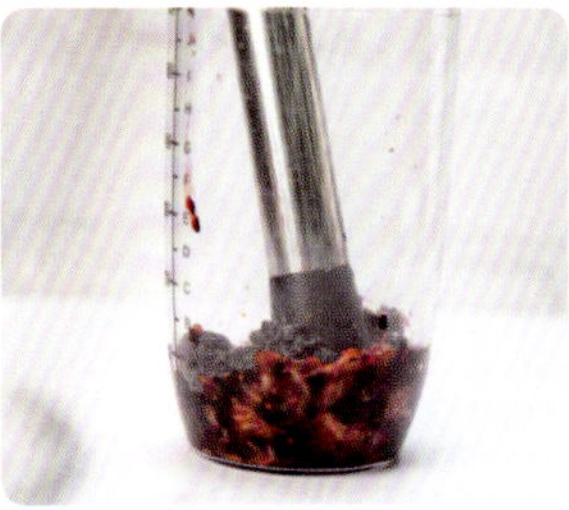

1 将桑葚洗净；草莓洗净，去蒂，对半切开；火龙果去皮、切块；泡好的奇亚籽备用。取桑葚、部分草莓放雪克杯中，用捣碎槌捣出汁，倒入成品杯中。

2 把火龙果块、部分酸奶、泡好的奇亚籽、燕麦片、益生菌粉、玫瑰糖浆倒入榨汁机中，榨成汁，倒入成品杯中。

3 将剩余酸奶倒入成品杯中，用筷子从中间插入，在杯壁中间位置左右滑动，酸奶会下沉到中间位置，用签子穿上半个草莓点缀即可饮用。

适合这些人

- ☑ 身体困重
- ☑ 胸闷
- ☑ 便秘

椰奶牛油果饮

皮肤干，气色不好，来一杯椰奶牛油果饮。中医认为，椰子味甘、性平，入胃、脾、大肠经，可帮助滋润皮肤，增加饱腹感。

材料

牛油果 …… 1 个（约 120 克）
椰奶 …………………… 150 毫升
茉莉花茶茶汤 ……… 50 毫升
冰块 ………………………… 少许

做法

1 牛油果去皮，去核，切块。
2 破壁机中加入半颗牛油果、冰块、椰奶、茉莉花茶茶汤，制成奶昔。
3 雪克杯加入剩下的牛油果，用捣碎槌捣压成泥，倒入成品杯中，用勺子做出挂壁效果，最后倒入奶昔，插入吸管，即可饮用。

适合这些人

- 口干舌燥
- 体虚乏力
- 皮肤干燥

牛油果柚香饱饱饮

减脂期时来一杯牛油果柚香饱饱饮，牛油果富含不饱和脂肪酸，消化吸收相对较慢，能让人产生较持久的饱腹感。此外，牛油果还含有丰富的膳食纤维，可延缓碳水化合物的吸收，进一步避免血糖出现较大波动，进而一定程度上帮助减少饥饿感。

材料

椰奶	200 毫升
牛油果	1 个（约 120 克）
牛奶	100 毫升
红柚	100 克
西米	20 克
冰糖糖浆	少许

做法

1. 牛油果去皮，去核，切块；红柚去皮，取果肉、切小块；西米煮熟，过凉，备用。
2. 取半个牛油果与牛奶、椰奶、冰糖糖浆一起放进榨汁机里，打成奶昔。
3. 成品杯中加入剩下的牛油果，捣压成泥，做出挂壁效果，倒入红柚果肉（留少许），倒入西米和奶昔，在上面点缀上红柚果肉即可饮用。

适合这些人

- ☑ 肢体乏力
- ☑ 脾胃气虚

果蔬基底

清新低卡，健康又美味

清火果蔬饮

熬夜上火、喉咙痛，来一杯清火果蔬饮吧！中医认为，苦瓜味苦、性寒，入心、脾、肺经，清热解毒，可缓解上火症状，让你轻松恢复好状态！

适合这些人

- ☑ 烦躁不眠
- ☑ 大便干结
- ☑ 皮肤长痘

材料

做法

1 苦瓜洗净，去瓤，切块；羽衣甘蓝洗净，沥干，切小片；西柚去皮，取果肉，切小块；苹果洗净，去核，切块；柠檬去皮，去子，切片。

2 破壁机中加入苹果块、柠檬片、苦瓜块、羽衣甘蓝片、部分西柚果肉块和茉莉花茶茶汤，启动开关榨汁。

3 把榨好的果蔬汁倒入杯中，倒入少量冰糖糖浆，搅拌一下，点缀上剩余西柚果肉块即可饮用。

自制好喝秘诀

羽衣甘蓝如何去涩留鲜

羽衣甘蓝选择新鲜嫩叶，避免老叶。可先用淡盐水浸泡 5 分钟，洗净后用厨房纸吸干水分，可减少生涩味。也可加少量蜂蜜，中和羽衣甘蓝的微苦，提升鲜甜感。

羽衣甘蓝活力瓶

水肿、浑身没劲时，喝羽衣甘蓝活力瓶助你消肿、恢复体力。中医认为，青提味甘、微酸，性平，入肺、脾、肾经，有助于补充气血，很适合气血虚弱、疲乏无力、面色苍白的人群。

材料

茉莉花茶茶汤 ……… 120 毫升
青提 ………… 8 粒（约 100 克）
苹果 ……… 半个（约 100 克）
脐橙 ………… 半个（约 50 克）
羽衣甘蓝 ……………………… 30 克
柠檬 …………………………… 20 克
奇亚籽 ………………………… 3 克
冰块 …………………………… 少许

做法

1 羽衣甘蓝洗净，沥干，切小片；奇亚籽泡发；苹果、脐橙洗净，去皮，切块；青提洗净；柠檬洗净，切片。
2 破壁机中加入苹果块、青提、脐橙块、羽衣甘蓝片、冰块及茉莉花茶茶汤，启动开关榨汁。
3 把榨好的果蔬汁倒入杯中，加入奇亚籽，搅拌均匀，点缀上柠檬片，即可饮用。

适合这些人

☑ 心悸气短
☑ 疲乏无力

羽芭清畅饮

大餐过后消化不良时来一杯羽芭清畅饮，羽衣甘蓝搭配含有维生素 C、蛋白质、膳食纤维等营养素的芭乐，能促进肠胃蠕动，缓解消化不良带来的不适。

材料

芭乐 ………… 1 个（约 150 克）
酸奶 ………………………… 100 毫升
牛油果 ……… 半个（约 60 克）
椰汁 ……………………………… 40 毫升
羽衣甘蓝 …………………… 20 克
巴旦木 ………………………… 适量
冰块 ……………………………… 适量

适合这些人

☑ 食积饱胀
☑ 便秘
☑ 小腹突出

做法

1 牛油果剥皮，去核，切块；羽衣甘蓝洗净，沥干，切片；芭乐去头尾，切块；巴旦木碾碎。
2 破壁机中加入芭乐块、牛油果块、部分羽衣甘蓝片、酸奶、椰汁和冰块，启动开关打成冰沙。
3 把打好的冰沙倒入杯中，撒上巴旦木碎，点缀上羽衣甘蓝片，即可饮用。

杨枝甘露

体虚乏力、气血不足，来一杯杨枝甘露。中医认为，芒果性微寒、味甘，归胃、脾经，益胃生津，椰浆、西米能补充能量，增强体质。

材料

做法

1 锅中烧沸水煮西米，煮好后将西米过一遍凉水。

2 芒果去皮，去核，切块；西柚去皮，取果肉。将一部分芒果、椰奶、牛奶、炼乳放入榨汁机中打成奶昔。

3 成品杯中放入西米、剩余芒果块和部分西柚果肉，倒入奶昔，放入冰块，点缀上剩余西柚果肉即可。

自制好喝秘诀

西米要避免煮得过烂

西米不需要清洗和浸泡。锅内加适量水烧开，将西米倒进锅内，搅动西米，避免粘锅。随后改用中小火，盖上锅盖煮至有少许白点的状态。关火，盖上锅盖闷几分钟，直到白点完全消失。随后将西米捞出，放进清水里过两遍即可。若一次煮的西米吃不完，可以将剩余西米放进冰箱冷藏保存。

适合这些人

- ☑ 烦热口渴
- ☑ 体虚乏力
- ☑ 食欲不振

百香青柠茶

百香果对神经系统有一定的舒缓作用，能帮助去除烦躁和缓解压力，从而辅助舒压，有助于入睡。

材料

百香果 2 个（约 80 克），小青柠 15 克，西米 50 克，绿茶茶汤少许，冰块适量。

做法

1 将西米煮熟，过凉；百香果对半切开，挖出果肉；小青柠洗净，对半切开。
2 在成品杯中加入百香果肉、小青柠和冰块。
3 倒入绿茶茶汤，搅拌均匀即可饮用。

鲜橙多多

鲜橙富含多种有机酸、维生素，这些成分有助于调节人体新陈代谢，促进胃酸分泌，从而帮助消化，改善食欲。

材料

橙子 1 个（约 150 克），养乐多 1 瓶。

做法

1 将橙子洗净，去皮，去子，切块，放入榨汁机中，榨出橙汁。
2 倒入成品杯中，倒入养乐多，轻轻搅拌均匀即可。

葡萄冰柠茶

葡萄含花青素和类黄酮，这两类物质都是强力抗氧化剂，可帮助对抗和清除体内过量的自由基。

材料

乌龙茶茶汤 300 毫升，葡萄 10 颗（约 125 克），香水柠檬 50 克，冰糖糖浆 15 毫升，冰块适量。

做法

1 将葡萄洗净，去子；香水柠檬切片，去子。
2 葡萄和部分柠檬片放入榨汁机中，倒入乌龙茶茶汤，搅打均匀，倒入成品杯中。
3 根据个人口味加入适量冰糖糖浆和冰块，点缀上柠檬片即可饮用。

西瓜啵啵茶

从中医食疗的角度来讲，西瓜性味甘、寒，归心、胃、膀胱经，对于暑热所导致的烦渴、头晕、胸闷等症，适当食用可帮助清热解暑。

材料

无子西瓜 200 克，茉莉花茶茶汤 200 毫升，脆波波小料 50 克，冰糖糖浆 30 毫升。

做法

1 西瓜切开，取适量果肉，放入雪克杯中，加入脆波波小料，用捣碎槌将其捣烂。
2 倒入成品杯中，再加入茉莉花茶茶汤和冰糖糖浆，搅拌均匀即可饮用。

青瓜柠檬水

适合这些人

- ☑ 没食欲
- ☑ 食少

这款青瓜柠檬水不仅味道清爽，还可帮助补充水分、促进消化、美容养颜等。柠檬和黄瓜的结合，可以让人在炎热的夏日中感受到一丝清凉和舒适。

材料

黄瓜半根（约 100 克），柠檬 20 克，冰糖糖浆 15 克，冰块适量。

做法

1 黄瓜洗净后去皮，用削皮器纵向刮成片状；柠檬洗净，切片，去子。
2 将黄瓜片和柠檬片放入成品杯中，加入冰块，然后倒入冰糖糖浆。
3 倒入适量饮用水，即可饮用。

轻盈绿光饮

轻盈绿光饮含有膳食纤维，可以加快肠道蠕动，促进食物排出，有助于改善肠道健康，帮助减肥瘦身。

材料

苹果半个（约 100 克），黄瓜半根（约 100 克），西芹 2 段（约 60 克）；蜂蜜少许。

做法

1 苹果洗净，去皮，去核，切小块；黄瓜洗净，切段；西芹择洗干净，切段。
2 将上述准备好的食材放入破壁机中，加入少量饮用水以调节浓稠度，然后启动机器进行榨汁。
3 根据个人口味可适当添加一点蜂蜜调味即可。

适合这些人

- ☑ 肢体乏力
- ☑ 脾胃气虚

西柚芦荟饮

芦荟中富含芦荟多糖和维生素，对人体的皮肤能起到良好的滋养作用。此外，芦荟中的多种成分具有抗炎和抗菌作用，对青春期的粉刺有改善效果。

适合这些人

- ☑ 烦躁易怒
- ☑ 眼睛红肿
- ☑ 心烦失眠

材料

芦荟 100 克，西柚 1/4 个（约 160 克），蜂蜜少许，冰块适量。

做法

1. 芦荟洗净，去皮，取肉洗净，切成小粒状，焯水备用。
2. 西柚取果肉，放入成品杯中用捣碎槌捣碎出汁。
3. 将芦荟粒倒入杯中，加蜂蜜、适量饮用水和冰块，即可饮用。

油柑茉莉爽口茶

这款油柑茉莉爽口茶制作简单，可帮助生津解腻，适合夏天饮用，帮助清新口气和促进消化。

材料

油柑 2 个（约 150 克），茉莉花茶茶汤 200 毫升，柠檬 30 克，冰糖糖浆 15 毫升，冰块适量。

做法

1. 将油柑洗净后，取果肉，去子；柠檬洗净，切片，去子。
2. 把部分柠檬片、油柑果肉和茉莉花茶茶汤倒入破壁机中，加入适量的冰糖糖浆，打成汁。
3. 倒入成品杯中，加入冰块和剩余柠檬片，搅拌均匀即可饮用。

适合这些人

- ☑ 烦热口渴
- ☑ 喉咙不适

专题 剩余果汁食材的活用法

1. 自制水果醋

水果榨完后，剩下食材可以做成果醋。方法很简单，将水果、醋、蜂蜜以相同分量拌在一起即可。想喝时可加饮用水稀释，或将醋当成调味料使用，用途相当广泛。

美味水果醋比例

水果：苹果醋：蜂蜜为1:1:1

材料

喜欢的水果30克，蜂蜜、苹果醋各30毫升。

做法

①水果去皮，取果肉，切成1～2厘米见方的块。

②准备小碗，将水果块和蜂蜜、醋倒进碗里，搅拌均匀。

③用保鲜膜包好，放进冰箱冷藏一晚。

★冰箱冷藏的保质期受水果种类、制作卫生条件、储存环境温度和湿度等因素影响，一般约3天。

美味饮用方法

水果醋：水为1:5

使用5倍的水稀释水果醋。水可是常温水、气泡水或豆浆。

2. 100%不掺水！自制爽口冰沙

将剩余的食材冷冻起来，可以做成冰沙。

①如果是蔬菜，切成2～3厘米的块状或段状，如油菜、芹菜、胡萝卜、南瓜都可以，可以同市售纯果汁一起放入料理机，搅打成泥状，即是果蔬冰沙。

②番茄整个冷冻，然后再磨泥即是番茄冰沙。

③如果是水果，淋点利口酒（又称甜酒）冷冻后，既不会稀释出水，又能保留口感。

④若是草莓，可以加樱桃酒；芒果或香蕉可加甜橙酒。

⑤猕猴桃淋点白砂糖，可以凝固种子，不会有苦味释出。

冷冻保存方法

①各种食材去皮或蒂，切成宽2～3厘米的块状，使用厨房纸巾擦干水分。

②放进冷冻保存袋，冷冻。

“猕猴桃芹菜冰沙”制作步骤

将冷冻猕猴桃（60克）、冷冻芹菜（60克）、市售百分之百纯苹果汁（120毫升）一起放进料理机，均匀搅拌成泥状，就是完全不掺水的纯天然水果冰沙。

第二章

懒人瘦身美容法，让饮品成为你的美丽加速器

瘦身纤体

羽衣甘蓝、火龙果、苹果、黄瓜、红甜椒、芦笋、莴笋叶、油菜、菠萝

推荐食材与营养搭配

羽衣甘蓝

营养成分

维生素 K、维生素 C、膳食纤维

搭配食材

苹果、菠萝、芒果（中和苦味，提升适口性）、红甜椒（增维生素 C，护酶活性）

火龙果

营养成分

红色果肉款含花青素、膳食纤维、维生素 C

搭配食材

莴笋（平衡甜味，避免过腻）、红甜椒（维生素 C 助花青素吸收）、桑葚（提鲜护色）

苹果

营养成分

果胶、槲皮素、维生素 C、钾

搭配食材

羽衣甘蓝（苹果的甜中和涩味）、胡萝卜（低卡高膳食纤维）

黄瓜

营养成分

维生素 K、钾、葫芦素

搭配食材

生菜（增加叶绿素）、柠檬（提酸解腻）、薄荷叶（清凉感）、香蕉（丝滑口感）

红甜椒

营养成分

维生素 C、胡萝卜素、叶酸

搭配食材

柳橙（中和甜椒生涩味，提升接受度）、胡萝卜（强化护眼效果）、羽衣甘蓝（叶黄素＋胡萝卜素护眼组合）

芦笋

营养成分

叶酸、维生素 K、钾

搭配食材

菠萝（菠萝蛋白酶分解芦笋蛋白腥味）、苹果（甜润覆盖苦味）、黄瓜（补水）、柠檬（提鲜）

莴笋叶

营养成分

维生素 C、维生素 K、钾、膳食纤维

搭配食材

哈密瓜（补充钾）、胡萝卜（补充胡萝卜素）

油菜

营养成分

膳食纤维、维生素 E

搭配食材

柳橙（促进维生素 C 吸收）、菠萝（中和口感）

菠萝

营养成分

菠萝蛋白酶、维生素 C、锰、膳食纤维

搭配食材

卷心菜（中和酸味）、薄荷（清凉解腻）

刮油小绿汁

这款果蔬汁含有膳食纤维、B 族维生素、维生素 C、维生素 E、钙，能增加饱腹感、促进肠道蠕动，帮助身体排毒。

材料

猕猴桃 ······ 1 个（约 100 克）
黄瓜 ········· 半根（约 100 克）
羽衣甘蓝 ··················· 30 克
菠菜 ··························· 20 克

做法

1 羽衣甘蓝洗净，切片；黄瓜洗净，刮成片；猕猴桃去皮，切块；菠菜洗净，焯水，捞出沥干。
2 将部分羽衣甘蓝片、部分黄瓜片、猕猴桃块、菠菜放入破壁机中，加入适量饮用水，启动开关搅打成汁，倒入成品杯中，加入剩余黄瓜片，点缀上剩余羽衣甘蓝片即可饮用。

Tips

羽衣甘蓝洗净后也可焯烫一下去除涩味。

适合这些人

☑ 暴饮暴食后
☑ 水肿
☑ 便秘

养颜小红汁

这款果蔬汁富含维生素 C、花青素、膳食纤维，有助于提亮肤色、促进消化等。

材料

红心火龙果 …… 半个（约 200 克）
蓝莓 ……………… 16 颗（约 50 克）
桑葚 ……………………………… 10 个
冰块 ……………………………… 适量

做法

1 红心火龙果去皮，切小块；蓝莓、桑葚分别洗净。
2 将所有材料放入破壁机中，加入 300 毫升饮用水，启动开关搅打成汁，倒入成品杯中，加入冰块，插入吸管即可饮用。

Tips

洗桑葚时，可将桑葚直接放入面粉水中搅拌，让面粉水覆盖每一颗桑葚。静置一段时间后，加入适量盐杀菌，再用饮用水冲洗干净。

适合这些人

- ☑ 口干舌燥
- ☑ 尿少色黄
- ☑ 便秘

苹果胡萝卜汁

这款果蔬汁富含维生素 C、胡萝卜素、B 族维生素，有助于抗氧化、促进肠道蠕动。

材料

苹果 ………… 半个（约 100 克）
胡萝卜 ……… 半根（约 60 克）
柠檬 ……………………………… 20 克

做法

1 胡萝卜洗净，切片；苹果洗净，切片；柠檬洗净，切片，去子。
2 将胡萝卜片、部分苹果片、柠檬片放入破壁机中，加入适量饮用水，启动开关搅打成汁，倒入成品杯中，点缀上剩余苹果片即可饮用。

适合这些人

☑ 便秘
☑ 消化不良

Tips

若想随时随地饮用自制果蔬汁，可购买便携式榨汁机榨汁，方便、快捷、卫生。

黄瓜香蕉汁

这款果蔬汁含有膳食纤维、B 族维生素、维生素 C，有助于促进肠道蠕动，改善便秘，帮助减脂减重。

适合这些人

- ☑ 暴饮暴食后
- ☑ 水肿
- ☑ 上火便秘

材料

黄瓜半根（约 100 克），香蕉半根（约 80 克），冰块适量。

做法

1 黄瓜洗净，刮成片；香蕉去皮，切片。
2 将部分黄瓜片、香蕉片放入榨汁机中，加入适量饮用水，启动开关搅打成汁，倒入成品杯中，放入剩余黄瓜片，加上冰块即可饮用。

哈密瓜莴笋汁

这款果蔬汁富含果胶、多种维生素，有助于促进消化、利尿排毒、美容养颜等。

材料

哈密瓜 100 克，莴笋叶 50 克，柠檬汁适量。

做法

1 哈密瓜洗净，去皮与子，切成小块。
2 莴笋叶洗净，切成段。
3 将哈密瓜块、莴笋叶段放入破壁机中，倒入适量饮用水及柠檬汁，启动开关搅打成汁即可饮用。

适合这些人

- ☑ 食欲不振
- ☑ 口渴烦热
- ☑ 小便不利

Tips

哈密瓜可换成苹果，莴笋叶搭配苹果榨汁也可清热除烦。

柳橙养瘦饮

这款果蔬汁含柚皮苷、维生素 C，胡萝卜素等营养成分，有助于抗氧化、美容养颜、提升代谢率等。

材料

柳橙半个（约 80 克），胡萝卜半根（约 60 克），红甜椒 1/4 个（约 50 克）。

做法

1 红甜椒洗净，去蒂及子，切小块；胡萝卜洗净，去皮，切小块；柳橙去皮，切片。
2 将红甜椒块、胡萝卜块、部分橙子片和适量饮用水放榨汁机中榨成汁，倒入成品杯中，点缀上剩余橙子片即可饮用。

适合这些人

☑ 眼干眼涩
☑ 肥胖
☑ 皮肤衰老

Tips

柳橙可用市面上所售的百分之百纯柳橙汁代替。

芦笋净化果汁

这款果蔬汁含有膳食纤维、硒，有助于促进消化、改善免疫系统功能、降低血压、减轻炎症。

材料

青苹果半个（约 100 克），芦笋 2 根（约 50 克），柠檬 30 克。

做法

1 芦笋洗净，焯水，切成段；青苹果洗净后，去核，切块；柠檬洗净，切片，去子。
2 将芦笋段、青苹果块、部分柠檬片和适量饮用水倒入破壁机，搅拌均匀打成果蔬汁，倒入成品杯中，放入剩余柠檬片即可饮用。

适合这些人

☑ 水肿
☑ 小便不利
☑ 烦热口干

Tips

没有青苹果可以用红苹果来代替。

适合这些人

- ☑ 皮肤干燥
- ☑ 肤色暗黄
- ☑ 便秘

柳橙油菜汁

这款果蔬汁富含膳食纤维、维生素 C、钾、铁，有助于减少黑色素沉着、延缓皮肤衰老、助消化、宽肠通便等。

材料

柳橙半个（约 80 克），油菜 2 棵（约 30 克），柠檬汁少许。

做法

1 油菜洗净，切小段，焯水；柳橙洗净，切片。

2 将油菜段、部分柳橙片和适量饮用水放入榨汁机中，搅打成汁，倒入成品杯中，加入柠檬汁即可饮用。

Tips

品尝时若有苦味，可以加点冰糖糖浆。柳橙可用市售百分之百纯柳橙汁代替。

菠萝卷心菜汁

这款果蔬汁富含菠萝蛋白酶、维生素 C，有助于延缓细胞衰老、调节免疫力，还能帮助消化等。

材料

菠萝 100 克，卷心菜 50 克，柠檬 20 克，盐、蜂蜜各少许。

做法

1 卷心菜洗净，切小片；菠萝去皮，切小块，用淡盐水浸泡 10 分钟；柠檬洗净，切片，去子。

2 将卷心菜片、菠萝块、蜂蜜放入榨汁机中，再加少量饮用水，搅打均匀成果蔬汁，倒入成品杯中，放入柠檬片即可饮用。

适合这些人

- ☑ 便秘
- ☑ 消化不良
- ☑ 易胖

Tips

开始先加入少量蜂蜜搅拌，边尝味道边调整蜂蜜量。

美白淡斑

番茄、柳橙、草莓、桑葚、甜菜根、胡萝卜、柠檬、青提、柑橘

推荐食材与营养搭配

番茄

营养成分

维生素 C、钾、番茄红素、类黄酮

搭配食材

雪梨（清爽）、苹果（解腻）、牛油果（增加顺滑感）、胡萝卜（胡萝卜素 + 番茄红素，护眼）

柳橙

营养成分

维生素 C、维生素 B_1、叶酸

搭配食材

胡萝卜（补充胡萝卜素）、生姜（暖身，解腻）、薄荷（提香）、番茄（补水）、西柚（低卡，增加层次感）

草莓

营养成分

维生素 C、B 族维生素、有机酸

搭配食材

香蕉（增加顺滑度，平衡酸甜度）、希腊酸奶（蛋白质 + 益生菌，助消化）、柠檬（提香）、葡萄柚（增加甜味和膳食纤维）

桑葚

营养成分

花青素、维生素 C、铁、膳食纤维、白藜芦醇

搭配食材

荔枝（增加顺滑口感）、酸奶（帮助肠道消化）

甜菜根

营养成分

维生素 C、铁、甜菜红素

搭配食材

苹果（甜，中和土腥味）、胡萝卜（补充胡萝卜素）、橙子（维生素 C 促进铁吸收）、生姜（去腥，暖身）

胡萝卜

营养成分

胡萝卜素、番茄红素

搭配食材

苹果（甜，提升口感）、橙子（补充维生素 C）、生姜（暖身，去腥）、菠萝（酸甜，增加酶活性）

柠檬

营养成分

维生素 C、维生素 B_6、钾

搭配食材

荔枝（润喉，平衡酸度）、生姜（驱寒）、黄瓜（补水）、薄荷（清凉）、芹菜（低卡解腻）

青提

营养成分

葡萄糖、维生素 C、类黄酮、钾

搭配食材

黄瓜（低卡补水）、柠檬（提味）

柑橘

营养成分

维生素 C、叶酸、膳食纤维、胡萝卜素

搭配食材

菠萝（协同美白）、生姜（驱寒）

番茄苹果亮白饮

这款果蔬汁富含维生素 C、胡萝卜素、钾等营养物质，有助于抗氧化，帮助亮白肌肤。

材料

小番茄 ……6 个（约 80 克）
苹果 ……半个（约 100 克）
雪梨 ……半个（约 80 克）
冰块 ……适量

Tips

为最大程度地激活番茄红素的作用，可以先将番茄蒸或煮熟后再榨汁。

做法

1 小番茄洗净，去蒂；雪梨、苹果洗净，去核，切片。
2 将所有材料（留少许苹果片）放入破壁机中，加入适量饮用水，启动开关搅打成汁，倒入成品杯中，加入适量冰块，点缀上苹果片即可饮用。

适合这些人

- ☑ 皮肤松弛
- ☑ 消化不良
- ☑ 皮肤发黄、暗沉

苹果番茄鲜榨果汁

这款果蔬汁富含 B 族维生素、维生素 C、胡萝卜素、叶酸，能帮助通便润肠，还有美白作用。

材料

草莓 ………… 5 个（约 120 克）
小番茄 ……… 4 个（约 70 克）
苹果 ………… 半个（约 100 克）

适合这些人

☑ 便秘
☑ 水肿
☑ 皮肤老化

做法

1 小番茄洗净，去蒂；苹果洗净，去核，切片；草莓洗净，去蒂，切片。
2 将小番茄、部分苹果片、部分草莓片放入榨汁机中，加入适量饮用水，启动开关搅打成汁，倒入成品杯中，放入剩余草莓片，点缀上苹果片即可饮用。

Tips

所需材料的比例可以根据自己的喜好调整。

桑葚气泡饮

这款果蔬汁富含花青素、维生素 C，有助于减少细胞氧化损伤，帮助维持肌肤弹性，帮你养出好气色，尤其适合夏天饮用。

材料

荔枝 …………………………… 5 颗
桑葚 …………………………… 10 个
干玫瑰花 …… 10 朵（约 5 克）
黑枸杞子 …………………… 适量
气泡水 ……………………… 适量
薄荷叶 ……………………… 少许
冰块 ………………………… 适量

适合这些人

- ☑ 肤色不佳
- ☑ 色斑
- ☑ 皮肤暗黄

做法

1 荔枝洗净，去皮，去核；桑葚、黑枸杞子、薄荷叶分别洗净；干玫瑰花同黑枸杞子一起泡入温水。

2 将桑葚、荔枝肉放入成品杯中，用捣碎槌捣出汁，加入冰块，倒入凉凉的玫瑰枸杞水，再倒入气泡水，点缀上薄荷叶即可饮用。

Tips

经常熬夜的人可以在每天入睡前冲泡一杯（可去掉冰块）。

火龙果甜菜汁

适合这些人

- ☑ 乏力
- ☑ 皮肤松弛
- ☑ 皮肤暗沉、易出油

这款果蔬汁富含黄酮类化合物、胡萝卜素、维生素 C，有助于改善面色黯淡无光，对淡化色斑、改善皮肤干燥粗糙也有一定帮助。

材料

红心火龙果半个（约 200 克），甜菜根 1 个（约 80 克），薄荷叶少许。

做法

1 甜菜根洗净，去皮，切片；红心火龙果洗净，去皮，切块。

2 将甜菜根片、火龙果块和适量饮用水放入破壁机中搅打成汁，倒入成品杯中，点缀上薄荷叶即可饮用。

养颜果蔬汁

这款果蔬汁富含胡萝卜素、维生素 C、钾，有助于美容护肤、延缓衰老、促进肠胃蠕动、保护视力等。

材料

苹果半个（约 100 克），菠萝 100 克，茉莉花茶茶汤 100 毫升，胡萝卜半根（约 60 克），柳橙半个（约 80 克），西柚、柠檬各 30 克，盐少许。

做法

1 将所有果蔬洗净，去皮，水果中有核、子的去掉，切成小块，菠萝用淡盐水浸泡 10 分钟以上以减少涩味。

2 将处理好的材料及茉莉花茶茶汤一同倒入榨汁机中，启动开关榨成汁即可饮用。

适合这些人

- ☑ 皮肤干燥
- ☑ 咽喉肿痛
- ☑ 便秘

Tips

茉莉花茶茶汤可用市售的茉莉花茶饮品，也可以用饮用水榨此款果蔬汁。

元气满满果汁

这款果蔬汁富含膳食纤维、维生素C、钾、叶酸，有助于美容养颜、缓解咽喉不适、预防感冒等。

适合这些人

- ☑ 皮肤暗沉
- ☑ 口渴烦热
- ☑ 食欲不振

材料

草莓4个（约100克），红葡萄柚半个（约100克），柠檬汁少许，冰块适量。

做法

1 草莓洗净，去蒂，切片；红葡萄柚去皮，切小块。
2 将部分草莓片、葡萄柚块放进榨汁机中，加入适量饮用水，榨成汁。
3 倒入成品杯中，放入剩余草莓片和冰块，再倒入柠檬汁即可饮用。

Tips

可以使用白肉葡萄柚，也可使用市售百分之百纯葡萄柚汁代替。

青提黄瓜畅心饮

这款果蔬汁富含B族维生素、维生素C、维生素E、钙，有助于维护肌肤健康、抗氧化、缓解水肿、促消化等。

材料

青提10粒（约125克），黄瓜半根（约100克），柠檬汁、冰糖糖浆各适量。

做法

1 黄瓜洗净，刮成片；青提洗净，取部分从中间切开，去子。
2 将青提、部分黄瓜片放入榨汁机中，加入适量饮用水，启动榨汁机搅拌均匀，倒入成品杯中再倒入柠檬汁。
3 放入剩余黄瓜片，根据自己口味加入冰糖糖浆，点缀青提即可饮用。

适合这些人

- ☑ 面色萎黄
- ☑ 皮肤干燥
- ☑ 水肿

Tips

黄瓜的酶会破坏维生素C，加了柠檬汁则有抑制这个破坏功能的效果。

柑橘菠萝鲜果汁

适合这些人

- ☑ 皮肤暗沉
- ☑ 晒斑明显
- ☑ 皱纹增多

这款果蔬汁富含维生素C、胡萝卜素、膳食纤维、钾，有助于改善肌肤健康、促进消化、缓解炎症、调节免疫力等。

材料

柑橘200克，菠萝150克，盐、冰块各适量。

做法

1 柑橘去皮，分成小瓣；菠萝去皮，切小块，用淡盐水浸泡10分钟。

2 将柑橘块、菠萝块倒入榨汁机中，加适量饮用水，搅拌成汁，倒入成品杯中，加入冰块即可饮用。

Tips

菠萝可用市售菠萝片。

柳橙番茄焕肤汁

这款果蔬汁富含维生素C、柠檬酸、番茄红素，有助于美白肌肤、淡化色斑、促进消化等。

材料

柳橙1个（约160克），小番茄6个（约80克），冰块适量。

做法

1 小番茄洗净，去蒂，用沸水烫一下去皮，切块；柳橙去皮，切块。

2 将番茄块和柳橙块一起放入榨汁机中，加入适量饮用水榨成汁，倒入成品杯中，加入冰块即可饮用。

适合这些人

- ☑ 便秘
- ☑ 口渴烦热
- ☑ 皮肤干燥暗沉

Tips

番茄可用磨泥器磨成泥；柳橙可用市售百分之百纯柳橙汁代替。

排毒消化

西梅、芹菜、姜黄粉、香蕉、鲜枣、雪梨、香水柠檬、薄荷、酸奶

推荐食材与营养搭配

西梅

营养成分

膳食纤维、维生素 C、酚类化合物

搭配食材

火龙果（润肠道）、菠菜（膳食纤维，加强排毒）、酸奶（中和西梅微涩，增加顺滑度）

芹菜

营养成分

膳食纤维、钾、类黄酮

搭配食材

苹果（甜，掩盖芹菜淡淡苦味）、黄瓜（补水，低卡）、胡萝卜（排便）、生姜（暖身，改善肠道循环）

姜黄粉

营养成分

姜黄素、挥发油、钾

搭配食材

芒果（掩盖姜黄微苦味）、柠檬（维生素 C，增强抗氧化）、生姜（驱寒）、红枣（补气血，平衡姜黄寒性）

香蕉

营养成分

果胶、维生素 B_6、钾

搭配食材

猕猴桃（平衡酸甜，抗氧化叠加）、菠菜（隐藏蔬菜淡淡苦味，补铁 + 膳食纤维）、椰肉（保护肠道黏膜）、生姜（缓解恶心，促消化）

鲜枣

营养成分

铁、维生素 C、膳食纤维

搭配食材

桂圆（补气血）、生姜（暖身，防红枣滋腻）、雪梨（润喉，平衡红枣甜味）、苹果（膳食纤维 + 维生素，营养互补）

雪梨

营养成分

梨苷、木质素、维生素 B_1

搭配食材

黄瓜（补水）、柠檬（提酸，激活酶的活性）、银耳（胶质，保护肠道黏膜）、百合（清心火，适合压力大的人群）

香水柠檬

营养成分

维生素 C、柠檬酸、类黄酮、挥发油

搭配食材

草莓（增甜）、薄荷叶（清新）

薄荷

营养成分

薄荷醇、维生素 C、钙、铁、膳食纤维

搭配食材

菠萝（酸甜解腻）、红心火龙果（提味）

酸奶

营养成分

蛋白质、益生菌、钙

搭配食材

火龙果（补膳食纤维）、桑葚（增加花青素）

苹果草莓冰水

这款养颜水富含果胶、果酸、胡萝卜素，有助于抗氧化，改善气色，促进肠道蠕动，帮助排出代谢废物等。

材料

草莓 ………… 5 个（约 120 克）
苹果 ………… 半个（约 100 克）
香水柠檬 ………………… 40 克
气泡水 ……………………… 适量
冰块 ………………………… 适量

适合这些人

- ☑ 便秘
- ☑ 血气不足
- ☑ 脾胃不和

做法

1 苹果洗净，去皮，去核，切块；草莓洗净，去蒂，从中间切开；香水柠檬洗净，切片。
2 将部分草莓和苹果块放入榨汁机中，榨成汁。
3 成品杯中放入冰块、部分草莓和香水柠檬片，倒入榨好的汁和气泡水，点缀上草莓即可。

瘦身奶昔

这款奶昔含有膳食纤维、维生素 C、钙，有助于维持肠道健康，促进消化。

材料

红心火龙果 …… 半个（约 200 克）
酸奶 …………………………… 200 毫升
西梅汁 ………………………………… 适量
薄荷叶 ………………………………… 少许
冰块 …………………………………… 适量

适合这些人

- ☑ 口气重
- ☑ 便秘
- ☑ 皮肤干燥

做法

1 红心火龙果洗净，去皮，切块。
2 在成品杯中加入少许火龙果块，用捣碎槌捣出汁，倒入一部分酸奶，加入适量冰块。
3 将剩余火龙果块和酸奶放入榨汁机中，倒入西梅汁，榨成汁，倒入成品杯中，点缀上洗净的薄荷叶即可饮用。

Tips

西梅汁可使用市售纯西梅汁。

雪梨猕猴桃香蕉汁

这款果蔬汁含有膳食纤维、维生素 C、维生素 E、钾，可帮助促进肠道蠕动、滋养肌肤等。

适合这些人

- ☑ 便秘
- ☑ 水肿
- ☑ 热病口渴

材料

雪梨半个（约 80 克），香蕉半根（约 80 克），猕猴桃半个（约 50 克），冰块适量。

做法

1 将雪梨洗净，去核，切块；猕猴桃去皮，切片；香蕉去皮，切块。

2 将雪梨块、部分猕猴桃片和香蕉块放入榨汁机中，加入适量饮用水榨成汁，倒入成品杯中，放入剩余猕猴桃片和冰块即可饮用。

Tips

此饮品很适合早上饮用，排毒消肿效果好。

胡萝卜番茄苹果汁

这款果蔬汁富含胡萝卜素、维生素 B_1、维生素 B_2、膳食纤维，有助于提升代谢，帮助减掉多余肉肉。

材料

苹果半个（约 100 克），小番茄 6 个（约 80 克），胡萝卜半根（约 80 克），冰块适量。

做法

1 胡萝卜洗净，焯水，切块；苹果洗净，去核，切块；小番茄洗净，去蒂，沸水烫一下，去皮。

2 将处理好的材料放入榨汁机中，加入适量饮用水榨成汁，倒入成品杯中，加入冰块即可饮用。

适合这些人

- ☑ 便秘
- ☑ 长痘
- ☑ 视力疲劳

Tips

1. 胡萝卜焯水能促进胡萝卜素的释放，胡萝卜素是脂溶性物质，加入橄榄油能提高胡萝卜素的吸收率。
2. 体寒的人可以在制作时去掉冰块，放点生姜、姜黄粉。

适合这些人

- 消化不良
- 炎症
- 皮肤暗沉

阳光红芹菜汁

这款果蔬汁含有芹菜素、B 族维生素、维生素 C、磷，有助于清热解毒、改善皮肤老化、缓解水肿、润肠通便等。

材料

西芹 1 根（约 100 克），黄瓜半根（约 100 克），胡萝卜半根（约 60 克）。

做法

1 胡萝卜和黄瓜分别洗净，切片；西芹择洗干净，切小段。
2 将处理好的材料和饮用水一同倒入破壁机中，启动开关搅打成汁，倒入杯中即可饮用。

Tips

黄瓜建议使用水果黄瓜。

姜黄芒果水

这款果蔬汁富含姜黄素、膳食纤维、胡萝卜素、钾，可帮助维持皮肤健康、护眼明目、抗炎排毒等。

材料

牛奶 200 毫升，芒果 1 个（约 100 克），柠檬 20 克，姜黄粉 3 克。

做法

1 将芒果洗净，去核，切块；柠檬洗净，切片。
2 芒果块、部分柠檬片、姜黄粉和牛奶一同倒入破壁机中，启动开关搅打成汁，倒入成品杯中，点缀上柠檬片即可饮用。

适合这些人

- 消化不良
- 皮肤松弛
- 炎症

Tips

也可根据自己的喜好加入不同的材料，如苹果、香蕉、胡萝卜等。

适合这些人

- ☑ 便秘
- ☑ 暴饮暴食
- ☑ 咽喉肿痛

雪梨薄荷黄瓜汁

这款果蔬汁富含薄荷脑、B族维生素、维生素C、膳食纤维，有利于清肠促消化、美容养颜、清热解毒等。

材料

黄瓜半根（约100克），雪梨半个（约80克），薄荷叶、柠檬汁、冰块各少许。

做法

1 将黄瓜洗净，刮成片；雪梨洗净，去核，切块；薄荷叶洗净备用。
2 将部分黄瓜片、雪梨块、部分薄荷叶、柠檬汁一同放入破壁机中，加入适量饮用水，启动开关搅打成汁。
3 将破壁机中的果汁倒入成品杯中，放入剩余黄瓜片和冰块，点缀上薄荷叶即可饮用。

Tips

也可用新鲜的柠檬挤汁代替柠檬汁。

柑夏暖暖汁

这款果蔬汁富含姜辣素、维生素C、胡萝卜素、膳食纤维，有助于抗炎抗氧化、促进血液循环，对预防感冒、减肥等也有一定益处。

材料

柑橘100克，姜2片（约10克）。

做法

1 柑橘洗净，去皮，掰成小瓣。
2 将柑橘瓣、姜片放入破壁机中，榨成汁，倒入成品杯中即可饮用。

适合这些人

- ☑ 脾胃不和
- ☑ 口干
- ☑ 疲劳嗜睡

抗氧化、防晒

蓝莓、刺梨、紫甘蓝、桑葚、芒果、猕猴桃、香蕉、黄桃、木瓜

推荐食材与营养搭配

蓝莓

营养成分

花青素、维生素 C

搭配食材

酸奶（蛋白质，增强饱腹感）、黑枸杞子（叶黄素，保护眼睛同时抗光损伤）、紫甘蓝（花青素，增强防晒效果）

刺梨

营养成分

维生素 C、刺梨多糖、胡萝卜素

搭配食材

红枣（天然甜味，护喉）、桑葚（花青素+维生素 C，协同防晒）、黄瓜（稀释刺梨酸涩）

紫甘蓝

营养成分

花青素、维生素 C、叶酸

搭配食材

香蕉（香甜中和紫甘蓝的苦味）、橙子（果酸提升口感，促花青素吸收）、羽衣甘蓝（同属十字花科，促进肝脏代谢和排毒）

桑葚

营养成分

白藜芦醇、花青素、硒、维生素 C

搭配食材

草莓（酸甜互补）、椰汁（椰香平衡桑葚微涩，增加顺滑度）、银耳（胶质保护肠道，间接助力皮肤排毒）、玫瑰花瓣（抗炎，舒缓晒后敏感）

芒果

营养成分

胡萝卜素、维生素 C

搭配食材

椰汁（促胡萝卜素吸收）、菠萝（酸甜解腻，蛋白酶助消化）、西柚（维生素 C+ 类黄酮，抑制黑色素）、羽衣甘蓝（叶酸，平衡芒果热性）

猕猴桃

营养成分

维生素 C、钾、镁

搭配食材

菠萝（维生素 C 叠加，酸甜多汁）、木瓜（顺滑口感，平衡猕猴桃微酸）、蓝莓（叶黄素+花青素，保护眼睛和皮肤）、牛油果（促脂溶性营养素吸收）

香蕉

营养成分

钾、维生素 B_6、膳食纤维、碳水化合物

搭配食材

红心火龙果（增加饱腹感）、桑葚（抗氧化）

黄桃

营养成分

维生素 C、膳食纤维、钾

搭配食材

酸奶（益生菌）、木瓜（蛋白酶助消化）

木瓜

营养成分

木瓜蛋白酶、维生素 C、胡萝卜素、膳食纤维

搭配食材

牛奶（蛋白质）、菠萝（增甜）

紫甘蓝抗衰饮

这款果蔬汁含有花青素、维生素 C、胡萝卜素、色氨酸，有助于抗氧化、延缓衰老和美白。

材料

紫甘蓝 …………………… 100 克
桑葚 ……… 15 颗（约 80 克）
蓝莓 ……… 16 颗（约 50 克）
黑枸杞子 …………………… 5 克
冰块 ………………………… 适量

做法

1 桑葚、蓝莓分别洗净；紫甘蓝洗净，切块，黑枸杞子用温水泡开。
2 将部分紫甘蓝、桑葚、黑枸杞子、部分蓝莓倒入榨汁机中，加入适量饮用水，启动开关搅打成汁，倒入装有冰块的成品杯中，点缀上剩余紫甘蓝和蓝莓即可饮用。

适合这些人

- ☑ 焦虑抑郁
- ☑ 皮肤衰老
- ☑ 皮肤暗沉

紫甘蓝番茄防衰果蔬汁

这款果蔬汁含有花青素、维生素 C、胡萝卜素，能帮助皮肤增加弹性、延缓衰老。

材料

紫甘蓝 …………………… 100 克
小番茄 ……… 6 颗（约 80 克）
香蕉 ………… 半根（约 80 克）

做法

1 紫甘蓝洗净，切块；香蕉去皮，切块；小番茄洗净，去蒂。
2 将处理好的材料放入破壁机中，加入适量饮用水，启动开关搅打成汁，倒入成品杯中，插上吸管即可饮用。

Tips

用破壁机或榨汁机榨汁都可以。

适合这些人

☑ 消化不良
☑ 皮肤衰老
☑ 失眠

火龙果香蕉汁

这款果蔬汁富含膳食纤维、维生素 C，有助于促进胶原蛋白的生成，起到抗氧化的作用。

适合这些人

- ☑ 口渴
- ☑ 皮肤衰老
- ☑ 肤色暗沉

材料

红心火龙果半个（约 200 克），香蕉半根（约 80 克）。

做法

1 红心火龙果去皮，切片；香蕉去皮，切块。
2 将香蕉块与部分火龙果片放入破壁机中，加入适量饮用水，启动开关搅打成汁，倒入成品杯中，点缀上剩余火龙果片即可饮用。

Tips

香蕉不宜放入冰箱中，否则易变黑。

雪梨红枣茶

这款饮品含有维生素 C、花青素，有助于抗氧化、促进胶原蛋白合成等。

材料

雪梨 50 克，红枣 3 枚，干桑葚 5 克，干玫瑰花 4 朵（约 2 克）。

做法

1 红枣、干桑葚、干玫瑰花洗去浮尘，放入成品杯；雪梨洗净，去皮，切片，放锅中加水煮沸。
2 将煮好的梨水倒入成品杯，盖上杯盖闷 10 分钟即可饮用。

适合这些人

- ☑ 皮肤易晒黑
- ☑ 皮肤松弛

Tips

红枣扭一扭放入杯中，可更好地释放其中的营养物质。

维生素精力汁

这款果蔬汁富含胡萝卜素、维生素 C、叶酸、膳食纤维，有助于调节皮肤色素的代谢、增进食欲、促进消化等。

适合这些人

☑ 皮肤暗沉

☑ 消化不良

材料

菠萝 100 克，柳橙半个（约 80 克），芒果 1 个（约 150 克），姜末少许，盐、冰块各适量。

做法

1 将芒果去皮，去核，切块；菠萝去皮，切块，用淡盐水浸泡 10 分钟以减少涩味；柳橙洗净，切 1 片备用，剩下的去皮，切块。
2 将芒果块、菠萝块、柳橙块和姜末放入榨汁机中，启动开关搅打成汁。
3 倒入成品杯中，放入橙子片和冰块即可饮用。

Tips

柳橙可用市售百分之百纯柳橙汁代替，取 50 毫升即可。

黄桃奶昔

这款果蔬汁富含钾、维生素 C、膳食纤维，有助于抑制黑色素形成、滋润皮肤，保持肠道通畅等。

适合这些人

☑ 水肿

☑ 食欲不振

☑ 皮肤干燥

材料

黄桃 1 个（约 150 克），柳橙半个（约 80 克），酸奶 50 毫升，冰块适量。

做法

1 将黄桃洗净，去皮，去核，切块；柳橙去皮，切块。
2 所有材料放入榨汁机中，榨成汁，倒入装有冰块的成品杯中即可饮用。

菠萝木瓜汁

这款果蔬汁富含木瓜酵素、维生素 C、维生素 E、钾，可帮助促进消化、促进肠胃蠕动、减少色斑和暗沉、促进肌肤的新陈代谢等。

适合这些人

- ☑ 皮肤暗沉
- ☑ 脾胃不和
- ☑ 便秘

材料

猕猴桃 1 个（约 100 克），菠萝、木瓜各 100 克，盐适量。

做法

1 猕猴桃去皮，切块；菠萝去皮，切块，用淡盐水浸泡 10 分钟以减少涩味；木瓜去皮，去子，切块。

2 将猕猴桃块、菠萝块和木瓜块一起放入榨汁机中，倒入适量饮用水，启动榨汁机榨成汁，倒入成品杯中即可饮用。

哈密瓜猕猴桃汁

这款果蔬汁富含钾、维生素 C，有助于缓解焦虑和心理压力、增强皮肤的抗氧化能力。

材料

哈密瓜 150 克，猕猴桃 1 个（约 100 克），青柠少许，冰块适量。

做法

1 猕猴桃横向对半切开，用汤匙挖出果肉；哈密瓜去皮，去子，果肉切块；青柠洗净，切片。

2 将猕猴桃肉、哈密瓜块放入榨汁机中，榨成汁，倒入装有冰块的成品杯中，放入青柠片即可饮用。

适合这些人

- ☑ 失眠
- ☑ 色斑或暗疮
- ☑ 疲乏劳累

Tips

剩下的哈密瓜可以冷冻保存，做成哈密瓜冰沙。

防干燥、抗皱纹

小番茄、南瓜、金橘、芦荟、枇杷、莲雾、生姜、玫瑰茄、罗汉果

推荐食材与营养搭配

小番茄

营养成分

维生素 C、番茄红素

搭配食材

柠檬（提鲜）、雪梨（增甜）、黄瓜（补水）、希腊酸奶（补充蛋白质，增强保湿）

南瓜

营养成分

胡萝卜素、维生素 E、果胶

搭配食材

胡萝卜（协同补充胡萝卜素）、雪梨（润肺补水）、香蕉、牛奶（增加顺滑度，强化保湿）、生姜（暖身，促进循环）

金橘

营养成分

维生素 C、类黄酮、挥发油

搭配食材

枇杷（增甜）、薄荷叶（清新解腻）、蜂蜜（润燥，提升口感）、芹菜（平衡酸甜，增加膳食纤维）

芦荟

营养成分

芦荟多糖、B 族维生素

搭配食材

西瓜（补水）、苹果（平衡苦味）、黄瓜（增强清爽感）、无糖酸奶（增加蛋白质，强化修复）

枇杷

营养成分

维生素 C、有机酸、钾

搭配食材

雪梨（润肺生津）、薄荷叶（清凉感）、椰汁（增加顺滑度）、菠萝（提甜，平衡酸度）

莲雾

营养成分

维生素 C、镁、类黄酮

搭配食材

蓝莓（提高抗氧化性）、椰子水（电解质补水）、苹果（增加甜味）、芦荟（提升清爽度）

生姜

营养成分

姜辣素、姜酚、钾、维生素 B_6

搭配食材

苹果（维生素 C）、蜂蜜（润燥）

玫瑰茄

营养成分

花青素、果酸

搭配食材

雪梨（增甜）、莲雾（补充维生素 C）

罗汉果

营养成分

罗汉果甜苷（天然代糖）、维生素 C、膳食纤维、矿物质

搭配食材

梨（提味）、薄荷（清凉）

益生菌雪梨汁

这款果蔬汁富含益生菌、维生素 C、番茄红素、膳食纤维，帮助皮肤补充水分，有助于减少干纹、细纹、表情纹的形成。

材料

小番茄 ……… 6 个（约 80 克）
雪梨 ………… 半个（约 80 克）
益生菌粉 ……………………… 5 克
冰块 ………………………… 适量

做法

1 雪梨洗净，去核，切块，少部分切片；小番茄洗净，去蒂。
2 将小番茄、雪梨块放入破壁机中，加入益生菌粉和少量饮用水，启动开关搅打成汁，倒入装有冰块的成品杯中，点缀上雪梨片即可饮用。

适合这些人

- ☑ 消化不良
- ☑ 皮肤衰老
- ☑ 痘痘肌

Tips

建议选优质的益生菌粉，会添加益生元，可促进益生菌生长和繁殖。

苹果生姜汁

这款果蔬汁富含维生素 C、B 族维生素、果胶，常喝可帮助肌肤更水嫩。

材料

苹果 ········ 半个（约 100 克）
生姜 ························ 15 克
柠檬 ························ 20 克
冰块 ························ 适量

做法

1 苹果洗净，去核，切片；柠檬洗净，切片，去子；生姜洗净，切片。
2 将部分苹果片、生姜片放入破壁机中，加入饮用水，启动开关搅打成汁，倒入装有冰块的成品杯中，将柠檬片放入杯中，点缀上苹果片即可饮用。

适合这些人

- ☑ 皮肤干燥、脱皮
- ☑ 皮肤衰老

Tips

姜片也可切成末或用市售的姜泥替代。

南瓜香蕉奶昔

适合这些人

- ☑ 皮肤干燥、脱皮
- ☑ 皮肤松弛

这款奶昔富含蛋白质、胡萝卜素、维生素 C 和膳食纤维，能够为皮肤提供丰富营养，有助于肌肤减少干燥，增强皮肤的弹性和紧致度。

材料

牛奶 300 毫升，南瓜 200 克，香蕉半根（约 80 克）。

做法

1 南瓜去皮，去子，切块，蒸熟；香蕉去皮，切块。

2 将南瓜块、香蕉和牛奶倒入破壁机中，启动开关搅打成奶昔，倒入成品杯中即可饮用。

Tips

老南瓜也可以换成贝贝南瓜。

苹果柠檬汁

这款果蔬汁含胡萝卜素、膳食纤维、蛋白质，帮助皮肤补充水分。

材料

苹果半个（约 100 克），柠檬 30 克。

做法

1 苹果洗净，去核，切块；柠檬洗净，切片，去子。

2 将苹果块、部分柠檬片和适量饮用水倒入破壁机中，启动开关搅打成汁，倒入成品杯中，加上柠檬片点缀即可饮用。

适合这些人

- ☑ 上火
- ☑ 皮肤衰老
- ☑ 长痘

莲雾雪梨汁

这款果蔬汁富含钾、维生素 C、膳食纤维，有助于舒缓情绪、缓解焦虑、紧张、促进肠胃蠕动、利尿消肿等。

材料

莲雾 1 个（约 80 克），雪梨半个（约 80 克），玫瑰茄茶茶汤少许，冰块适量。

做法

1 雪梨洗净，去核，切块；莲雾洗净，切块。
2 将雪梨块、莲雾块和玫瑰茄茶茶汤倒入破壁机中，启动开关榨成汁后倒入装有冰块的成品杯中即可饮用。

适合这些人

☑ 口干舌燥
☑ 焦躁易怒
☑ 皮肤有色斑和皱纹

雪梨罗汉果饮

这款果蔬汁含甘草酸、膳食纤维、B 族维生素、钾，有助于护咽润肺、清热降火、增强抵抗力等。

材料

雪梨 50 克，红枣 3 枚，甘草、干百合、陈皮、罗汉果各 5 克，冰糖（或蜂蜜）适量。

做法

1 将材料（冰糖、蜂蜜除外）洗净，红枣去核，雪梨去核、切片。
2 放入养生壶中，加清水煮 20 分钟，关火，待降至适宜温度。
3 倒入杯中，可加冰糖（或蜂蜜）调味，即可饮用。

适合这些人

☑ 咳嗽痰多
☑ 皮肤干燥
☑ 咽喉肿痛

调节免疫力

鲜枣、生姜、山药、白菜、白萝卜、柚子

推荐食材与营养搭配

鲜枣

营养成分

维生素C、环磷酸腺苷、钾、镁

搭配食材

苹果（平衡甜度）、柠檬（提鲜，增强维生素C吸收）、胡萝卜（补充胡萝卜素，协同抗氧化）、希腊酸奶（增加蛋白质，保护肠道免疫屏障）

生姜

营养成分

姜辣素、姜酚、挥发油

搭配食材

橙子（中和辛辣，补充维生素C）、雪梨（润肺，平衡热性）、胡萝卜（增加胡萝卜素）、苹果（提升口感）

山药

营养成分

黏蛋白、山药多糖、锌

搭配食材

南瓜（增加胡萝卜素）、红枣（补气血，增加天然甜味）、香蕉（增加顺滑度，补充电解质）、苹果（提甜，平衡口感）

白菜

营养成分

维生素C、维生素K、膳食纤维

搭配食材

柳橙（补充维生素C）、胡萝卜（增加胡萝卜素）、生姜（少量，提升抗炎效果）、柠檬（提鲜，促进矿物质吸收）

白萝卜

营养成分

维生素C、叶酸、膳食纤维

搭配食材

梨（润肺，中和辛辣）、橙子（增甜，补充维生素C）、芹菜（增加膳食纤维，平衡口感）、蜂蜜（少量，改善涩味）

柚子

营养成分

维生素C、类黄酮、胡萝卜素

搭配食材

橘子（平衡酸度）、生姜（少量，调节口感）、胡萝卜（增加胡萝卜素）、薄荷叶（清新解腻，舒缓咽喉）

胡萝卜红枣能量饮

这款果蔬汁富含有机酸、果胶、胡萝卜素、维生素 C，可帮助补充气血，为身体提供能量。

材料

苹果 ……… 半个（约 100 克）
胡萝卜 ……… 半根（约 60 克）
红枣 ……………………………… 5 枚
柠檬 ……………………………… 20 克

做法

1 胡萝卜洗净，切片；苹果洗净，去核，切块；红枣洗净，去核。
2 将部分胡萝卜片、苹果块、红枣倒入破壁机中，加入适量饮用水，挤入柠檬汁，启动开关搅打成汁，倒入成品杯中，点缀上胡萝卜片即可饮用。

Tips

柠檬汁可以根据自己的喜好添加。

适合这些人

- ☑ 疲劳乏力
- ☑ 皮肤没有光泽
- ☑ 食欲不振

苹果黄芪养生水

这款果蔬汁含葡萄糖醛酸、黏液质、生物碱、维生素 C，可帮助调节人体免疫力。

材料

苹果 ………… 半个（约 100 克）
红枣 ………………………………… 3 枚
姜丝 ………………………………… 10 克
麦冬 ………………………………… 8 克
黄芪 ………………………………… 6 克
枸杞子 ……………………………… 少许

做法

1 苹果洗净，去核，切片；红枣洗净，去核，切块；枸杞子洗净。
2 将除枸杞子之外的所有材料倒进养生壶中，加入适量清水。
3 煮 20 分钟后关火，倒入枸杞子闷一会儿即可饮用。

适合这些人

- ☑ 疲劳乏力
- ☑ 水肿
- ☑ 皮肤衰老

西芹苹果汁

适合这些人

- ☑ 口舌干燥
- ☑ 皮肤炎症
- ☑ 便秘

这款果蔬汁含维生素 C、胡萝卜素、钾、镁、叶酸，有助于增强抵抗力。

材料

西芹 1 段（约 100 克），苹果半个（约 100 克），黄瓜半根（约 100 克），猕猴桃半个（约 50 克），冰块适量。

做法

1 西芹、黄瓜洗净，切小段；苹果洗净，去核，切块；猕猴桃去皮，切片。
2 将西芹段、苹果块、黄瓜段、部分猕猴桃片放入破壁机中，加入适量饮用水，启动开关搅打成汁，倒入装有冰块的成品杯中，放入剩余猕猴桃片即可饮用。

Tips

西芹榨汁前也可以先焯下水。

香蕉山药坚果奶昔

这款果蔬汁富含蛋白质、B 族维生素、维生素 C、钾，可帮助提升代谢，增强抵抗力。

材料

牛奶 200 毫升，香蕉半根（约 80 克），山药 1/4 根（约 100 克），核桃仁 10 克，奇亚籽 5 克。

做法

1 香蕉去皮，切块；山药洗净，去皮，切块，蒸熟；奇亚籽提前泡 2 小时。
2 将除奇亚籽外的所有材料放入破壁机中，启动开关搅打成奶昔，倒入成品杯中加奇亚籽拌匀即可饮用。

适合这些人

- ☑ 体虚乏力
- ☑ 皮肤干燥

Tips

加入麦片，可增强饱腹效果。

白菜柳橙汁

这款果蔬汁富含维生素C、膳食纤维、钾，有助于利尿消肿、缓解皮肤干燥和粗糙、预防感冒、增强抵抗力等。

适合这些人

- ☑ 皮肤干燥
- ☑ 水肿
- ☑ 便秘

材料

柳橙半个（约80克），白菜70克，冰块适量。

做法

1 白菜洗净，切片；柳橙去皮，切块。

2 将所有材料放入榨汁机中榨汁，倒入装有冰块的成品杯中（可用柳橙片和白菜叶点缀）。

Tips

柳橙的白色薄皮含维生素P，可强化毛细血管，连薄皮一起榨汁，效果更佳。

雪梨白萝卜汁

这款果蔬汁含有维生素C、膳食纤维，可帮助促进消化、抗炎抗氧化、调节免疫力等。

材料

雪梨1个（约200克），白萝卜50克。

做法

1 白萝卜洗净，去皮，切块；雪梨洗净，去皮，去核，切块。

2 将所有材料放入破壁机中加适量饮用水，搅打成汁，倒入成品杯中即可饮用。

适合这些人

- ☑ 肤色暗沉
- ☑ 咳嗽
- ☑ 小便不利

白萝卜蜂蜜汁

这款饮品含维生素C、B族维生素、膳食纤维、钾，可帮助促进消化、增强食欲、抗氧化。

适合这些人

- ☑ 咽喉肿痛
- ☑ 便秘
- ☑ 皮肤老化

材料

白萝卜1/3根（约100克），蜂蜜10毫升。

做法

1 白萝卜洗净，去皮，切片。
2 将部分白萝卜片和适量饮用水、蜂蜜倒入榨汁机中榨成汁，倒入成品杯中，点缀上白萝卜片即可饮用。

Tips

应尽早饮用，放置时间久了白萝卜会有苦味。

柚橘姜果汁

这款果蔬汁富含维生素C、柚皮苷、姜辣素、钾，可帮助改善消化不良、增强食欲、缓解感冒、调节免疫力。

材料

橘子2个（约200克），柚子1/4个（约100克），姜泥少许。

做法

1 将橘子去皮，掰成小瓣，去子；柚子去皮，取果肉。
2 将橘瓣、姜泥、柚子肉和适量饮用水倒入榨汁机中，榨成汁，倒入成品杯中即可饮用。

适合这些人

- ☑ 疲劳乏力
- ☑ 食欲不振

Tips

姜泥可根据自己的口味适量添加。

第三章

从早到晚，从忙到闲，不同场景的饮品搭配

早起醒脑
唤醒活力

抹茶奶盖拿铁

抹茶奶盖拿铁富含茶多酚、咖啡因、L- 茶氨酸，它能够刺激中枢神经系统，从而缓解清晨起床后精神萎靡、昏昏欲睡注意力难以集中的状况。

材料

椰汁 ……………………… 180 毫升
淡奶油 ………………………… 20 克
咖啡浓缩液 …………… 20 毫升
抹茶粉 ………………………… 4 克
冰块 ………………………… 适量

做法

1 将部分抹茶粉先过筛，倒容器中，然后淡奶油用搅拌器打发，制成抹茶奶盖。
2 再将椰汁倒入成品杯中，接着倒入咖啡浓缩液和适量冰块（也可不加），搅拌均匀，缓缓倒入抹茶奶盖后，在上面撒一些抹茶粉即可饮用。

适合这些人

- ☑ 精神萎靡
- ☑ 困倦
- ☑ 注意力难以集中

Tips

1. 咖啡浓缩液的冲调比例是 1:15，本品中加了淡奶油，椰汁里也含有水，所以不用再额外加水。
2. 搅拌抹茶粉可以用抹茶茶筅，冲泡前，先将杯子、茶筅温热一下。然后快速不停地抖动茶筅，使抹茶出现大量泡沫。
3. 用椰汁冲泡抹茶拿铁比用热牛奶的口感更好。如果感觉抹茶有一点苦味，可以加一点果糖或白砂糖调味。

肉桂美式

肉桂美式含肉桂醛、膳食纤维、钙、钾、咖啡因等营养成分，可帮助抗炎消肿、提神、调节新陈代谢，可缓解早起脸肿、精神欠佳的状况。

材料

苹果 ………… 半个（约100克）
咖啡浓缩液 ………… 30毫升
迷迭香 ………… 少许
肉桂粉 ………… 适量

适合这些人

- ☑ 早起脸肿
- ☑ 手脚冰凉
- ☑ 精神不饱满

做法

1 将苹果洗净，去核，切成薄片，备用。
2 在杯中加入少许肉桂粉，倒入少许开水化开，放入部分苹果片。
3 将咖啡浓缩液冲泡好，直接倒入已放有肉桂粉和苹果片的杯中，点缀上苹果片和洗净的迷迭香即可饮用。

午后休闲
清爽提神

红茶鸳鸯拿铁

红茶鸳鸯拿铁含有咖啡因、多酚类化合物、钾、镁等营养成分，可帮助提神醒脑、提供能量和增强专注力。没时间午睡的你可以来一杯，提提神。

适合这些人

- ☑ 疲劳乏力
- ☑ 水肿
- ☑ 注意力不集中

材料

红茶茶汤 ·············· 200 毫升
牛奶 ······················ 150 毫升
咖啡浓缩液 ············· 30 毫升
冰块 ··························· 适量

做法

1 将红茶茶汤倒入成品杯中，加入冰块。
2 倒入牛奶，随后倒入咖啡浓缩液，搅匀即可饮用。

香蕉丝滑拿铁

香蕉丝滑拿铁含有钾、镁、咖啡因、膳食纤维等营养成分，可帮助人们补充体力、润肠通便、消除水肿、提神醒脑、缓解焦虑，还可以缓解午后低血压引起的头晕、乏力等症状。

材料

牛奶 ························ 150 毫升
香蕉 ············ 半根（约 80 克）
咖啡浓缩液 ············· 30 毫升
冰块 ······························ 适量

做法

1 香蕉去皮，切块，放入杯中捣烂。
2 倒入牛奶和咖啡浓缩液，搅拌均匀。
3 最后加入适量冰块即可饮用。

适合这些人

☑ 烦渴焦躁
☑ 精神不佳
☑ 困倦乏力

火锅撸串
去辣解腻

苹果热橙茶

苹果热橙茶含有维生素 C、果酸、果胶等营养成分，有助消化、解油腻、维护肠道健康的辅助作用。

材料

橙子 ………… 1 个（约 150 克）
苹果 ………… 半个（约 100 克）
柠檬 ………… 30 克
红茶茶汤 ………… 适量
迷迭香 ………… 适量
冰糖 ………… 适量

做法

1 橙子去皮，去子，切片；苹果洗净，去核，切片；柠檬洗净，切片，去子。
2 将大部分橙子片、苹果片、冰糖、柠檬片放入养生壶中，倒入红茶茶汤煮沸，待降至适宜温度，倒入成品杯中，点缀上洗净的迷迭香和剩余橙子片即可饮用。

适合这些人

- ☑ 口干舌燥
- ☑ 皮肤干燥
- ☑ 肠胃不适

草莓热红茶

草莓热红茶含维生素 C、膳食纤维等营养成分，可帮助缓解因吃辣火锅引起的上火、烦热口渴。

材料

红茶茶汤 ……………… 200 毫升
草莓 ………… 5 颗（约 120 克）
柠檬 ………………………… 30 克
冰糖 ………………………… 适量

做法

1 柠檬洗净，切片，去子备用。
2 草莓去蒂洗净，对半切开，捣碎放入养生壶中，加入冰糖和红茶茶汤煮开。
3 挤入几滴柠檬汁，再次煮开后，关火，待降至适宜温度，倒入成品杯中，点缀上柠檬片即可饮用。

适合这些人

☑ 神疲乏力
☑ 烦热口渴
☑ 消化不良

乌梅小番茄汁

乌梅小番茄汁含番茄红素、叶酸、维生素 C 等营养成分，可帮助开胃解腻，能够缓解因食用过油、过辣火锅导致的胃肠功能紊乱和消化不良。

材料

小番茄 ········ 6 个（约 80 克）
乌梅 ······························ 4 颗
柠檬 ···························· 20 克
茉莉花茶茶汤 ··············· 适量
气泡水 ·························· 1 罐
冰块 ····························· 适量
冰糖 ····························· 适量

做法

1 小番茄洗净，去蒂，用沸水烫一下，部分去皮；柠檬洗净，切片，去子。
2 将去皮的小番茄、乌梅和冰糖放入锅中，取 1 片柠檬，将柠檬汁挤入锅中，随后再倒入适量茉莉花茶茶汤，煮沸。
3 待降至常温后，倒入装有冰块的成品杯中，再倒入气泡水，点缀上小番茄即可饮用。

解腻山楂汁

解腻山楂汁含膳食纤维、维生素 C、山楂酸等营养成分，能够帮助健胃消食，特别适合吃火锅后肉食积滞、胃脘胀满等情况。

材料

苹果 ………… 半个（约 100 克）
鲜山楂 ……… 10 个（约 60 克）
冰糖 ……………………………… 适量
盐 ………………………………… 适量

做法

1 鲜山楂先用盐水浸泡 10 分钟，再用清水洗净，去核；苹果洗净，去核，切片。
2 山楂、部分苹果片和冰糖放入养生壶中，加适量清水煮至软烂，关火。
3 倒入破壁机中，启动开关搅打成泥。
4 将打好的果泥倒入成品杯中，点缀上苹果片即可饮用。

适合这些人

- ☑ 腹胀
- ☑ 消化不良

户外露营
美味共享

棒打香橙

棒打香橙含橙皮苷、维生素 C、胡萝卜素、柠檬酸等营养素，有助于补充人体在户外消耗的水分、促进胃肠道蠕动，缓解口干和乏力。

材料

绿茶茶汤 ················ 200 毫升
橙子 ·········· 1 个（约 150 克）
蜂蜜 ···························· 少许
冰块 ···························· 适量

做法

1 橙子洗净切片，去子。
2 将部分橙子片放入雪克杯中，加入适量冰块，用捣碎槌捣出汁。
3 倒入成品杯中，再倒绿茶茶汤，加入剩余橙子片和蜂蜜，搅拌均匀，即可饮用。

适合这些人

☑ 口干、口渴
☑ 出汗多、乏力

青提茉莉

青提茉莉富含维生素 C、钾、镁等成分，可帮助消除疲劳、调节免疫力，在露营时饮用，能快速补充能量，缓解体力消耗大、低血糖导致的乏力，让人从燥热、紧绷的状态中慢下来。

材料

茉莉花茶茶汤 ········ 200 毫升
青提 ········ 10 颗（约 125 克）
气泡水 ························ 适量
冰块 ···························· 适量

做法

1 青提洗净，将部分青提放入雪克杯中，用捣碎槌捣出汁。
2 倒入成品杯中，加入适量冰块，倒入茉莉花茶茶汤和气泡水，搅拌一下即可饮用。

适合这些人

☑ 心悸气短
☑ 疲劳乏力
☑ 消化不良

蜂蜜柠檬百香果

蜂蜜柠檬百香果含维生素 C、胡萝卜素、硒等营养成分，可帮助调节肠道菌群，促进消化，户外露营喝一杯，可补充水分，缓解头晕、口渴、四肢乏力等症状。

材料

百香果	1 个（约 50 克）
柠檬	30 克
黄冰糖	适量
蜂蜜	少许
盐	少许

做法

1 柠檬用盐搓洗干净，擦干水分，切片，去子；百香果洗净，切开，用勺子挖出果肉。

2 按照一层柠檬、一层蜂蜜、一层百香果果肉、撒少许黄冰糖的顺序，依次叠加，直至填满密封罐，放入冰箱冷藏。

3 饮用时，取出，加入饮用水制成蜂蜜柠檬百香果饮，即可饮用。

适合这些人

- ☑ 消化不良
- ☑ 易疲劳
- ☑ 皮肤干燥

大餐嗨吃
急需补救

话梅柠檬茶

话梅柠檬茶含维生素 C、有机酸等营养成分，可促进肠胃蠕动、帮助消化，特别适合大餐后来一杯，帮助身体代谢。

材料

茉莉花茶茶汤 ········· 200 毫升
香水柠檬 ······················ 30 克
话梅 ······························ 3 颗
蜂蜜 ····························· 适量
冰块 ····························· 适量

做法

1 香水柠檬洗净，切片，去子。
2 将部分柠檬片放入榨汁机中，倒入茉莉花茶茶汤，榨成汁。
3 成品杯中放入话梅、剩余柠檬片和冰块，倒入榨好的汁，滴入蜂蜜，搅拌均匀即可饮用。

适合这些人

- ☑ 脘腹痞胀
- ☑ 消化不良

纤活红柠汁

纤活红柠汁含胡萝卜素、维生素 B_1、维生素 B_2 等营养成分，可帮助消化、肠胃蠕动，加速大餐后身体的新陈代谢。

材料

苹果 ……… 半个（约 100 克）
胡萝卜 ……… 半根（约 60 克）
姜末 ……………………… 5 克
柠檬汁 ……………………… 少许
冰块 ……………………… 适量

适合这些人

- ☑ 消化不良
- ☑ 皮肤干燥
- ☑ 肥胖

做法

1. 胡萝卜洗净，去皮，切块；苹果洗净，去核，切片。
2. 胡萝卜块、部分苹果片、适量饮用水、柠檬汁和姜末放入破壁机中榨成汁。
3. 倒入装有冰块的成品杯中，点缀上剩余的苹果片即可饮用。

玫瑰杨梅饮

玫瑰杨梅饮含膳食纤维、维生素 C、多种有机酸等营养成分，可帮助消化、润肠通便，能够缓解大餐后，消化不良和便秘等情况。

材料

杨梅 ………… 8 个（约 70 克）
玫瑰茄 ……………………… 5 克
蜂蜜 ………………………… 适量
薄荷叶 ……………………… 少许

做法

1 杨梅洗净，取果肉（可留一两个用作装饰）；玫瑰茄洗去浮尘，用温水泡开。
2 将杨梅肉和蜂蜜倒入榨汁机中，倒入玫瑰茄水（取出玫瑰茄），榨成汁。
3 将榨好的汁倒入成品杯中，将泡开的玫瑰茄放入杯中，点缀上剩余的杨梅和洗净的薄荷叶即可饮用。

适合这些人

- ☑ 消化不良
- ☑ 食欲不振
- ☑ 便秘

浓醇芦笋汁

浓醇芦笋汁富含维生素 C、叶酸、钾等营养成分，可帮助调节机体代谢，对于常吃外卖导致重油、重盐摄入过多的人群，浓醇芦笋汁不仅有助于润肠通便，还可帮助调节免疫力。

材料

酸奶 …………………… 120 毫升
芦笋 ………… 2 根（约 50 克）

做法

1 芦笋洗净，去除老根，焯水后，切小段，留芦笋尖备用。
2 将芦笋段放入破壁机中，加入适量饮用水榨成汁。
3 将榨好的芦笋汁倒入成品杯中，加入酸奶调匀，点缀上芦笋尖即可饮用。

适合这些人

☑ 便秘
☑ 小便不利

雪梨西瓜汁

雪梨西瓜汁含碳水化合物、膳食纤维、维生素 C、钾等营养成分，可帮助消化、促进胃肠蠕动、润肠通便，特别适合常吃重油、重盐的人群解解腻。

材料

西瓜 ························ 200 克
雪梨 ························ 100 克

做法

1 将雪梨洗净，去皮，去核，切块；西瓜用勺子挖出瓜瓤，去子，切小块。
2 将一部分西瓜块和雪梨块加少许饮用水一起倒入榨汁机中榨成汁。
3 成品杯中放入剩下的西瓜块和雪梨块，用捣碎槌捣碎出汁，倒入榨好的果汁，插上吸管即可饮用。

适合这些人

- ☑ 积食
- ☑ 口干口渴
- ☑ 大小便不利

奇亚籽黄瓜汁

奇亚籽黄瓜汁含维生素 C、维生素 E、烟酸等营养成分，可帮助改善消化功能，润肠通便，缓解大餐后消化不良和便秘等情况。

适合这些人

- ☑ 消化不良
- ☑ 口干口渴
- ☑ 水肿

材料

黄瓜 ………… 半根（约 100 克）
柠檬 ………… 30 克
奇亚籽 ………… 5 克
蜂蜜 ………… 适量

做法

1 将奇亚籽放入碗中，倒入适量温水，迅速搅拌均匀，浸泡 10～15 分钟；黄瓜洗净，刮成薄片；柠檬洗净，切片。
2 将柠檬片放入杯中，加入黄瓜片。
3 倒入泡发好的奇亚籽，最后加适量饮用水、蜂蜜搅匀即可饮用。

火龙果草莓汁

火龙果草莓汁含甜菜红素、膳食纤维、钾等营养成分，可帮助常吃外卖的人群补充营养、促进消化。

材料

红心火龙果 …… 半个（约 200 克）
草莓 ………………… 5 颗（约 120 克）
小番茄 ……………… 4 个（约 70 克）
气泡水 ……………………………… 适量
冰块 ………………………………… 适量

做法

1 小番茄洗净，去蒂；红心火龙果舀出果肉；草莓洗净，去蒂，对半切开。
2 将小番茄、红心火龙果、部分草莓（可留少许草莓作为装饰）全部放入破壁机中，加入适量饮用水，启动开关搅打成汁，倒入装有冰块的成品杯中，倒入气泡水，点缀上剩余的半颗草莓即可饮用。

适合这些人

- ☑ 气色不佳
- ☑ 胸膈胀闷
- ☑ 消化不良

节食久坐
“嗯嗯”不畅

芦笋苹果净化汁

芦笋苹果净化汁含膳食纤维、维生素C、镁、硒等，可帮助促进消化，改善肠道健康、缓解便秘。

材料

青苹果 …… 半个（约100克）
芦笋 ………… 2根（约80克）
冰块 ………………………… 适量

做法

1 芦笋洗净，焯水，切小段；青苹果洗净，去核，切片。
2 将芦笋、部分苹果块放入榨汁机中，加适量饮用水，榨成汁后倒入装有冰块的成品杯中，点缀上苹果片即可饮用。

适合这些人

- ☑ 上火
- ☑ 便秘
- ☑ 疲劳乏力

菠萝酸奶奶昔

菠萝酸奶奶昔含益生菌、蛋白质、维生素、钙等营养成分，可帮助维护肠道菌群生态平衡，缓解便秘、促进消化吸收。

材料

菠萝 …………………… 150 克
酸奶 …………………… 100 毫升
柠檬 …………………… 20 克
盐 …………………… 少许

做法

1 菠萝去皮，切成小块，用盐水泡 10 分钟；柠檬洗净，切片，去子。
2 将菠萝块放入榨汁机中，倒入酸奶，榨成奶昔，倒入成品杯中，点缀上柠檬片即可饮用。

适合这些人

☑ 口干口渴
☑ 消化不良

南洋黄金果汁

南洋黄金果汁含膳食纤维、钾、镁等营养成分，可帮助消化，调整肠胃机能。

材料

香蕉 …………… 半根（80 克）
菠萝 ………………………… 50 克
柠檬 ………………………… 20 克
盐 …………………………… 少许

适合这些人

- ☑ 烦渴
- ☑ 便秘
- ☑ 焦虑抑郁

做法

1 香蕉、菠萝去皮，切成小块；柠檬洗净，切片。
2 菠萝块放入盐水中泡 10 分钟。
3 将香蕉块、部分菠萝块放入榨汁机中，榨成汁。
4 成品杯中放入剩下的菠萝块，用捣碎槌捣出汁，将榨汁机中的汁倒入成品杯，搅拌均匀，点缀上柠檬片即可饮用。

菠萝胡萝卜果汁

菠萝胡萝卜果汁含膳食纤维、维生素 C、菠萝蛋白酶和苷类等，可帮助促进肠道蠕动，改善局部血液循环、消炎消水肿，缓解便秘。

材料

菠萝 ………………………… 100 克
胡萝卜 ……… 半根（约 60 克）
柠檬 ………………………… 20 克
盐 ………………………………… 少许

做法

1 胡萝卜洗净，菠萝去皮，分别切成小块；柠檬洗净，切片。
2 菠萝块放入盐水中泡 10 分钟。
3 将菠萝块、胡萝卜块放入榨汁机中，加适量饮用水榨成汁后倒入成品杯中，放入柠檬片即可饮用。

适合这些人

- ☑ 小便不利
- ☑ 消化不良
- ☑ 咽喉肿痛

工作学习
缓解压力

芒芒生打椰

芒芒生打椰含有丰富的维生素和矿物质，适量饮用可以带来一定的放松和愉悦感，从而间接帮助缓解压力。

材料

椰汁 ······················ 200 毫升
芒果 ·········· 1 个（约 150 克）
薄荷叶 ························ 适量
冰块 ···························· 适量

做法

1 芒果洗净，贴着核侧面切开，然后在果肉上划出方块，取出果肉，放入碗中备用。
2 将部分芒果、椰汁放入榨汁机中一起榨成汁。
3 成品杯中加部分的芒果块，用捣碎槌捣成果泥。
4 成品杯中加冰块，倒入榨好的汁，可在其上加芒果块、洗净的薄荷叶作为点缀。

适合这些人

☑ 饭后解腻
☑ 容易疲劳

百香果气泡水

百香果含膳食纤维、钾和维生素等营养成分，其香气和酸甜口感可以帮助人们平缓紧张情绪，提振精神。

材料

香瓜 ………… 半个（约150克）
百香果 ……… 1个（约50克）
气泡水 ………………………… 适量
冰块 …………………………… 适量

适合这些人

- ☑ 压力大
- ☑ 消化不良
- ☑ 咳嗽痰多

做法

1 香瓜去皮，去核，切块；百香果切开，取出果肉。
2 将部分香瓜块放入成品杯中，用捣碎槌捣出汁，将剩下的香瓜块放入榨汁机中，加入少许饮用水，榨成汁后倒入成品杯，倒入百香果肉。
3 杯中倒入冰块和适量气泡水，插上吸管即可饮用。

薄荷柠檬茶

薄荷柠檬茶中柠檬含维生素 C 和抗氧化剂，有助于减轻身体的氧化应激反应。薄荷的香气则可以舒缓神经，帮助放松身心，减轻压力和焦虑。

材料

茉莉花茶茶汤 ········ 300 毫升
香水柠檬 ····················· 50 克
薄荷糖浆 ····················· 10 克
冰块 ····························· 少许
薄荷叶 ························· 适量

做法

1 香水柠檬洗净，切片。
2 取 3~4 片柠檬压出汁，倒入冰块，再加入薄荷糖浆（做法见第 15 页）。
3 倒入茉莉花茶茶汤，放入剩余香水柠檬片，点缀上洗净的薄荷叶即可饮用。

适合这些人

☑ 消暑
☑ 便秘
☑ 口臭

蓝莓玫瑰花茶

蓝莓玫瑰花茶花香果香交织，含花青素与维生素 C，可帮助舒缓紧张的情绪。在忙碌的生活中，泡上一杯，不仅让人心情愉悦，还有益于缓解压力和疲惫。

材料

蓝莓 ………… 16 颗（约 50 克）
玫瑰茄 ………………………… 1 个
柠檬 ………………………… 10 克
蜂蜜 ………………………… 适量

做法

1 将蓝莓洗净；玫瑰茄洗去浮尘；柠檬洗净，切片。
2 将部分蓝莓和柠檬片放入养生壶中，加入适量清水，煮开后，关火放至温热，倒入装有玫瑰茄的成品杯中。
3 加入适量蜂蜜调味，点缀上蓝莓即可饮用。

适合这些人

☑ 视力疲劳
☑ 情绪低落
☑ 皮肤干燥

运动健身

恢复体力

香蕉牛奶蜂蜜饮

香蕉牛奶蜂蜜饮香浓甜蜜，含钾、钙与 B 族维生素等营养成分，可帮助运动健身人群补充能量，滋润肠道，运动后喝一杯，让你活力满满。

材料

牛奶 …………………… 200 毫升
香蕉 ……… 1 根（约 160 克）
蜂蜜 ………………………… 适量
抹茶粉 ……………………… 适量

做法

1 将香蕉去皮，放入成品杯中捣碎；抹茶粉倒入空杯中，加少许温水，搅拌至完全化开。
2 将牛奶、部分捣碎后的香蕉和抹茶液倒入榨汁机中，榨成汁。
3 倒入装有香蕉泥的成品杯中，加入适量蜂蜜调味即可饮用。

适合这些人

- ☑ 失眠
- ☑ 低血糖
- ☑ 虚乏无力

牛油果巴旦木甘露

牛油果巴旦木甘露醇厚顺滑，含不饱和脂肪酸与蛋白质，有助于补充能量，帮助缓解运动健身后身体的酸胀感。

材料

牛奶 …………………… 200 毫升
牛油果 …… 1个（约120克）
酸奶 …………………… 100 毫升
巴旦木 ……………………… 15 克
蜂蜜 ………………………… 适量

适合这些人

- ☑ 困倦乏力
- ☑ 低血糖
- ☑ 运动后人群

做法

1. 将牛油果去皮，去核，切成小块；巴旦木碾碎。
2. 将部分牛油果块和牛奶一起倒入榨汁机中打成稀糊状，制成牛油果奶糊。
3. 成品杯中倒入酸奶，再倒入榨好的牛油果奶糊，加入适量蜂蜜调味，点缀上剩余牛油果块和巴旦木碎即可饮用。

冰蓝椰青水

冰蓝椰青水清甜可口，含电解质与维生素 C，能够帮助人们运动后快速补充水分，提供能量，清凉解渴，让你活力四射。

材料

椰子水 ………………… 200 毫升
蝶豆花 ……………………… 3 克
冰块 ………………………… 适量
薄荷叶 ……………………… 适量

做法

1 蝶豆花洗去浮尘，用温水泡 15 分钟。
2 成品杯中加入适量冰块，倒入蝶豆花水，再倒入椰子水搅拌均匀，点缀上洗净的薄荷叶即可饮用。

适合这些人

☑ 消暑解渴
☑ 脱水
☑ 皮肤受损

甜菜根苹果汁

甜菜根苹果汁色泽诱人，含维生素 C 与膳食纤维，运动前适量饮用补充水分的同时，也补充营养。

材料

苹果 ………… 半个（约 100 克）
甜菜根 ……… 半个（约 80 克）
薄荷叶 ………………………… 少许
冰块 ……………………………… 适量

做法

1 将甜菜根洗净，切块；苹果洗净，去核，切块。
2 将甜菜根块和苹果块一起放入榨汁机打成汁，装入成品杯中，放入冰块，点缀上洗净的薄荷叶即可饮用。

适合这些人

☑ 头晕
☑ 口干、口渴
☑ 便秘

熬夜加班
打工续命水

西洋参红枣茶

西洋参红枣茶甘香滋补，含人参皂苷与红枣多糖，很适合熬夜后补气养血，增强体质，让你焕发健康光彩。

材料

红枣 ………………………………… 5 枚
西洋参片 ………………………… 3 克

做法

1 将西洋参片和红枣洗净，红枣去核，切开。
2 养生壶中倒入清水，放入西洋参片和红枣，煮 15 分钟。
3 关火后盖盖闷 5 分钟，倒入杯中，待降至适宜温度即可饮用。

适合这些人

☑ 疲劳乏力
☑ 免疫力低
☑ 气虚

胡萝卜橙 C 茶

胡萝卜橙 C 茶鲜亮可口，富含胡萝卜素与维生素 C，有助于调节免疫力，护眼明目，缓解熬夜用眼引起的眼睛干涩。

材料

橙子 ………… 1 个（约 150 克）
胡萝卜 ……… 半根（约 60 克）
红茶包 ………………………… 1 个
蜂蜜 …………………………… 适量

做法

1 将胡萝卜洗净，去皮，切片；橙子洗净，切块，去子，部分取肉备用。
2 养生壶中倒入清水、胡萝卜片、红茶包煮 10 分钟，再加入橙子肉继续煮 2 分钟。
3 关火后倒入杯中，待温热时根据口味加适量蜂蜜调味，点缀上橙子块即可饮用。

适合这些人

- ☑ 缺乏维生素
- ☑ 胃肠功能不佳
- ☑ 视物模糊

草莓杏仁奶昔

草莓杏仁奶香甜诱人，含镁、维生素 C、维生素 E 与膳食纤维，有助于缓解压力，改善熬夜后皮肤暗黄。

材料

杏仁露 ………………… 200 毫升
草莓 ……… 4 个（约 100 克）
酸奶 …………………… 100 毫升
蜂蜜 ……………………… 适量

做法

1 将草莓洗净，去蒂，切块备用。
2 将部分草莓块、杏仁露和酸奶一起倒入榨汁机中打成顺滑的奶昔状。
3 倒入成品杯中，加入适量蜂蜜调味，点缀上草莓块即可饮用。

适合这些人

☑ 食欲不振
☑ 焦虑烦躁

生椰牛油果

生椰牛油果香浓顺滑，含不饱和脂肪酸、维生素、膳食纤维，可帮助提神醒脑，补充能量。

材料

椰汁 …………………… 100 毫升
芒果 ………… 半个（约 80 克）
牛油果 …… 半个（约 60 克）
冰块 ………………………… 适量
薄荷叶 ……………………… 适量

做法

1 将牛油果、芒果分别去皮，去核，切成小块备用。
2 将牛油果块和部分椰汁一起倒入榨汁机中打成顺滑的椰香牛油果泥。
3 在成品杯中加入冰块、芒果块和剩余的椰汁，倒入打好的椰香牛油果泥，搅拌均匀，点缀上洗净的薄荷叶即可饮用。

适合这些人

- ☑ 消化不良
- ☑ 焦虑烦躁
- ☑ 身体乏力

桑葚双花茶

桑葚双花茶含维生素 C、花青素、膳食纤维等，可帮助滋阴补血，消除疲劳，还有润肠燥、抗氧化的作用，能帮助熬夜后上班族快速恢复精神、缓解疲惫。

材料

桑葚 ………………………… 10 颗
陈皮 ………… 2 块（约 10 克）
干玫瑰花 …………………… 5 朵
胎菊 ………………………… 5 克
玫瑰糖浆 …………………… 适量

适合这些人

- ☑ 乏力
- ☑ 口干舌燥
- ☑ 大便干结

做法

1 将桑葚、胎菊、陈皮和干玫瑰花洗净，备用。
2 将准备好的材料放入养生壶中，注入适量清水，煮开加玫瑰糖浆调味，关火，待降至适宜温度即可饮用。

第四章

身体小烦恼的对症饮品，越喝越舒服

湿气重、疲劳乏力

五指毛桃祛湿水

身体沉重可喝五指毛桃祛湿水。中医认为，五指毛桃味辛、甘，性微温，归脾、肺、肝经，有助于增强脾的运化功能，可帮助促进湿气的排出。

材料

红枣 ………………………… 5 枚
五指毛桃 …………………… 10 克
淮山药 ……………………… 10 克
芡实 ………………………… 10 克
陈皮 ………………………… 10 克
土茯苓 ……………………… 3 克
冰糖 ………………………… 适量

做法

1 将除土茯苓和冰糖外的所有材料（五指毛桃、芡实、红枣、淮山药、陈皮）用清水冲洗干净，浸泡 30 分钟。
2 将浸泡后的材料连同土茯苓一起放入锅中，加适量清水，煮 40 分钟，关火。
3 待降至适宜温度，倒入成品杯中，可依口味加入少许冰糖调味。

Tips

五指毛桃、土茯苓虽然对身体有益，但不宜天天饮用，注意要适量饮用。此外，孕妇、月经量过多的人群不可以喝。

适合这些人

☑ 身体浮肿
☑ 四肢沉重

四神健脾祛湿茶

肢体沉重时可喝四神健脾祛湿茶。中医认为，淮山药味甘、性平，归脾、肺、肾经，搭配祛湿的茯苓，能够利水渗湿，对于肢体沉重、身体浮肿、小便不利等症状有一定的缓解效果。

材料

莲子 ………………………… 15 克
淮山药 ……………………… 10 克
茯苓 ………………………… 10 克
芡实 ………………………… 5 克

做法

1. 将所有材料洗净，备用。
2. 放入养生壶中，加入适量清水。
3. 煮沸后，关火，待降至适宜温度即可饮用。

适合这些人

☑ 皮肤暗沉
☑ 消化不良
☑ 尿多但不畅

苹果冬瓜姜水

浮肿、食少无力时可喝苹果冬瓜姜水，中医认为，冬瓜味甘、淡、性微寒，入肺、大肠、小肠、膀胱经，搭配驱寒的生姜，可以促进排尿，帮助改善湿气重所引起的浮肿症状。

材料

苹果 ……… 半个（约100克）
冬瓜 ……………………… 50克
生姜 ……………………… 10克

做法

1 将苹果和冬瓜洗净，切片；生姜切片，备用。
2 苹果片、冬瓜片、生姜片放入养生壶中，加适量清水煮沸，关火，待降至适宜温度。
3 盛入杯中，可连苹果、冬瓜一起食用。

适合这些人

- ☑ 大便稀不成形
- ☑ 口臭、口里黏
- ☑ 食少无力

柠檬薏米水

睡不醒，起床后疲惫时喝一杯柠檬薏米水吧，中医认为，薏米味甘、淡，性微寒，入脾、胃、肺经，可以温和祛湿，帮助健脾养胃，缓解湿重体乏，提升精神状态！

材料

薏米 ………………………… 45 克
柠檬 ………………………… 30 克
冰糖 ………………………… 适量

做法

1 薏米洗净，下锅，无油翻炒至微黄；柠檬洗净，切片，去子。
2 将炒好的薏米，放入养生壶中，加适量清水煮 30 分钟，关火。
3 放入冰糖，待降至适宜温度，加入柠檬片倒入成品杯中即可饮用。

Tips

薏米中的有效成分如薏苡仁油和薏苡仁多糖，需要在高温下煮熟才能被充分释放，未煮透的薏米可能导致这些成分无法发挥应有的效果，所以一定确保熟后食用。

适合这些人

☑ 痰液增多
☑ 咳嗽、打呼噜
☑ 没精神、体乏

失眠多梦，安神助眠

酸枣仁助眠茶

辗转难眠时来一杯酸枣仁助眠茶吧！中医认为，酸枣仁味甘、酸，性平，归肝、胆、心经，有助于养心补肝、养心安神等，可缓解虚烦不眠、惊悸多梦、体虚多汗等症状。

材料

酸枣仁 ························ 15 克
知母 ······························ 6 克
茯苓 ······························ 6 克
川芎 ······························ 6 克
甘草 ······························ 3 克

做法

1 将所有材料冲洗干净，泡半小时。
2 放入养生壶中，加适量清水，煮 15 分钟，关火。
3 待降至适宜温度，倒入成品杯中即可饮用。

适合这些人

☑ 入睡困难
☑ 惊悸多梦

黄瓜薄荷气泡水

睡不够、频繁打呵欠时可喝黄瓜薄荷气泡水，富含葡萄糖、钾、维生素等，可帮助美容养颜、安神助眠。

材料

气泡水 ……………… 200 毫升
香瓜 ……… 半个（约 150 克）
黄瓜 ……… 半根（约 100 克）
冰糖糖浆 …………………… 适量
薄荷叶 ……………………… 少许
冰块 ………………………… 适量

做法

1 黄瓜洗净，刮成片；香瓜洗净，去皮，去子，切块。
2 香瓜块放入成品杯中，用捣碎槌捣出汁，部分黄瓜片放入榨汁机，加适量饮用水榨成汁，倒入成品杯中。
3 成品杯中加入冰糖糖浆、冰块、黄瓜片和洗净的薄荷叶，搅拌均匀，倒入少许气泡水即可饮用。

适合这些人

☑ 睡眠浅、多梦
☑ 频繁打哈欠

洋甘菊橙橙冰茶

睡眠浅可喝洋甘菊橙橙冰茶，中医认为，洋甘菊味甘、苦，性寒，归肝、肺经，有助于缓解精神紧张，改善睡眠质量。

材料

橙子 ……………… 1个（150克）
洋甘菊茶茶汤 ……… 100毫升
冰糖 …………………………… 适量
冰块 …………………………… 适量

做法

1 橙子洗净，去皮，切片，放入榨汁机中，加入适量饮用水，榨成汁。
2 成品杯中放入适量的冰块和冰糖，依次倒入洋甘菊茶茶汤、榨好的橙子汁，搅拌均匀，插上吸管即可饮用。

适合这些人

☑ 精神紧张
☑ 疲劳、困倦

诺丽果饮

梦多、睡不实时可喝诺丽果饮，诺丽果中含有丰富的色氨酸，泡水饮用后有助于色氨酸吸收，促进褪黑素合成，从而在一定程度上改善睡眠质量。

材料

干诺丽果片 …… 2片（约20克）
冰糖 ………………………………… 少许

做法

1 干诺丽果片洗净。
2 放入养生壶中，倒入适量清水，煮5分钟（也可用沸水冲泡）。
3 倒入杯中，根据个人口味可加入少许冰糖，搅匀即可饮用。

适合这些人

☑ 梦多、睡不实
☑ 睡眠浅

焦虑、压力大

洛神玫瑰椰子水

焦虑、烦躁时喝洛神玫瑰椰子水，中医认为，玫瑰花性温、味甘、微苦，归肝、脾经，有助于缓解焦虑。

材料

椰子水	200 毫升
玫瑰花	5 克
玫瑰茄（洛神花）	3 克
冰块	适量

适合这些人

- ☑ 容易烦躁、易怒
- ☑ 情绪低落、沮丧

做法

1. 玫瑰花、玫瑰茄分别洗去浮尘，用开水泡 15 分钟。
2. 将泡好的花茶凉凉倒入成品杯中，加入适量冰块，倒入椰子水，插上吸管即可饮用。

芒果冰茉莉

燥热、紧张时喝芒果冰茉莉，芒果富含维生素 C，有助于减轻身体的氧化应激反应。

材料

气泡水 ………………… 300 毫升
茉莉花茶茶汤 ……… 200 毫升
芒果 ………… 1 个（约 150 克）
冰糖糖浆 …………………… 少许
蝶豆花 ………………………… 3 克
奇亚籽 ……………………… 少许
冰块 ………………………… 适量

做法

1 蝶豆花洗去浮尘，用茉莉花茶茶汤泡 15 分钟；奇亚籽泡 10 分钟。
2 芒果洗净，取出果肉，放入成品杯中用捣碎槌捣碎出汁，再加入冰块。
3 成品杯中加入气泡水、蝶豆花茶水，再倒入冰糖糖浆和奇亚籽，搅拌均匀即可饮用。

适合这些人

☑ 燥热、紧张
☑ 手心出汗

薄荷番茄美式

紧张、手心出汗时喝薄荷番茄美式，含有薄荷油、薄荷醇、γ－氨基丁酸等，薄荷的香气能够提神醒脑，使人精神焕发，有助于缓解紧张、焦虑等不良情绪。

材料

气泡水 ………………… 300 毫升
小番茄 ……… 6 个（约 80 克）
薄荷叶 ……………………… 10 克
咖啡浓缩液 ……………… 适量
冰糖糖浆 …………………… 少许
冰块 ………………………… 适量

做法

1 将小番茄洗净，去蒂，用沸水烫一下，部分去皮。
2 将部分去皮的小番茄、洗净的薄荷叶和冰糖糖浆放入榨汁机中，榨成汁。
3 成品杯中放入剩下的小番茄，用捣碎槌捣碎出汁，放入冰块，倒入榨好的番茄汁、气泡水和咖啡浓缩液，搅拌均匀，点缀上洗净的小番茄即可饮用。

适合这些人

☑ 紧张、焦虑
☑ 心慌气短

芒果柠檬茶

焦虑不安、睡眠异常时可喝芒果柠檬茶，含钾、维生素 C 等营养成分，能够帮助舒缓压力。

材料

茉莉花茶茶汤 ……… 200 毫升
芒果 ………… 1 个（约 150 克）
香水柠檬 …………………… 30 克
冰块 ………………………… 少许

做法

1 芒果去皮，去核，切丁，一半放入榨汁机中，倒入茉莉花茶茶汤，榨成汁；香水柠檬洗净，切片。
2 成品杯中放入另一半芒果果肉、1 片柠檬片，用捣碎槌捣碎出汁。
3 将榨好的芒果汁倒入成品杯中，加入剩下的柠檬片和冰块，插上吸管即可饮用。

适合这些人

☑ 思绪过多
☑ 压力大

眼睛干涩、疲劳

枸杞金银花水

眼睛干涩时可喝枸杞金银花水，中医认为，枸杞味甘、性平，归肝、肾经，适量饮用可帮助缓解眼睛干涩、疲劳，对于长时间用眼的人群有益。

材料

金银花 ………………………… 5克
枸杞子 ………………………… 5克
决明子 ………………………… 2克

做法

1 把所有材料洗净，备用。
2 把材料放进杯子里，用沸水闷泡10~15分钟即可。

适合这些人

☑ 眼红、异物感
☑ 频繁眨眼
☑ 眼睛干涩

蓝莓养眼杯

眼睛干涩、疲劳时喝蓝莓养眼杯，富含花青素、槲皮素、山柰酚等营养成分，可以缓解眼疲劳，有助于预防黄斑变性和白内障，保护视力。

材料

绿妍茶茶汤 ………… 300 毫升
草莓 …………………………… 3 个
桑葚 ………………………… 10 颗
苹果 ……… 1/4 个（约 50 克）
蓝莓 ………… 8 颗（约 30 克）
黑枸杞子 …………………… 10 克
柠檬 ………………………… 10 克
奇亚籽 ……………………… 5 克
冰块 ………………………… 适量
薄荷叶 ……………………… 少许

做法

1 所有材料（除奇亚籽、绿妍茶茶汤、冰块外）洗净，苹果切片，柠檬切片，去子；奇亚籽加水泡发备用。
2 把草莓、黑枸杞子、苹果片、柠檬片放入破壁机中，加入绿妍茶茶汤，榨成果汁。
3 成品杯放入泡发的奇亚籽、部分蓝莓和桑葚，用捣碎槌捣碎出汁，倒入榨好的果汁和冰块，搅拌一下，点缀上剩余蓝莓和洗净的薄荷叶即可饮用。

Tips

1. 绿妍茶，实则是一种茉莉花茶，具体来说，它是将绿茶与茉莉鲜花进行拼合、窨制，使茶叶吸收花香而制成的。这种茶叶既有茉莉花的馥郁香气，又保留了绿茶的清幽滋味。
2. 为了更好地锁住花青素等营养，调和口感，也可用不老莓粉。

适合这些人

☑ 眼睛干涩
☑ 视力疲劳

茅根胡萝卜水

暗视力不好时可喝茅根胡萝卜水，中医认为，胡萝卜味甘、辛，性平，归脾、肝、肺经，可以帮助补肝、明目，缓解眼疲劳、眼干涩，预防夜盲症。

材料

雪梨 ………… 半个（约 80 克）
胡萝卜 ……… 半根（约 60 克）
茅根 ………………………… 10 克

做法

1 将所有材料洗净，雪梨去皮，去核，切块，胡萝卜去皮，切块。
2 养生壶中倒入适量清水，放入所有材料，煮 30 分钟。
3 待降至适宜温度，倒入成品杯中即可饮用。

适合这些人

- ☑ 视力模糊
- ☑ 畏光
- ☑ 眼睛酸胀

抹茶桑葚牛乳

视力疲劳、眼睛干涩时，可来一杯抹茶桑葚牛乳。抹茶含叶黄素可选择性吸收部分有害蓝光，降低屏幕光对黄斑区的潜在影响。桑葚中的花青素可帮助增强视网膜微循环，有助于改善暗光下的视觉敏感度。

材料

牛奶 …………………… 100 毫升
桑葚 ……………………… 10 颗
炼乳 ……………………… 10 克
抹茶粉 ……………………… 8 克
西米 ……………………… 少许
冰块 ……………………… 适量

做法

1 杯中倒入抹茶粉、炼乳、一点温水，搅拌至抹茶粉完全化开，制成炼乳抹茶。
2 桑葚洗净，放入雪克杯中，用捣碎槌捣碎出汁。
3 再倒入牛奶、炼乳抹茶、煮好过凉的西米和冰块，搅拌一下，倒入成品杯中插入吸管即可饮用。

适合这些人

☑ 眼睛干涩
☑ 易疲劳

怕冷、手脚凉

焦糖热橙茶

手脚冰凉时可喝焦糖热橙茶，含有丰富的茶碱、类黄酮物质和维生素 C 等营养成分，可帮助促进微循环，帮助驱散体内寒气。

材料

做法

1 橙子去皮，切 3~4 片，剩下的挤出橙汁备用。

2 锅开小火，放入红茶茶叶，炒香，盛出备用（或拨到锅边）。

3 在锅中心倒入适量白糖、一点点水，炒至冒泡泡，呈焦糖色。

4 把部分橙子片放入焦糖中，煎出橙香。

5 往锅中倒入炒香的茶叶、清水，煮至沸腾，倒入橙子汁，再煮 3~5 分钟，过滤后倒入成品杯，点缀上剩余的橙子片即可饮用。

适合这些人

- ☑ 畏寒
- ☑ 手脚冰凉

姜丝丁香茶

畏寒喜暖时可喝姜丝丁香茶，含有姜辣素和多种芬芳挥发油，可促进血管扩张、加快血液循环，产生发热感。

材料

生姜 ………………………… 10 克
陈皮 …………… 1 片（约 5 克）
丁香 ………………………… 少许

做法

1 将陈皮、丁香洗净；生姜洗净，去皮，切丝，备用。
2 养生壶中放入上述材料，加适量清水，煮 10 分钟，关火，待降至适宜温度即可饮用。

适合这些人

- ☑ 畏寒
- ☑ 频繁感冒
- ☑ 手脚冰凉

艾草姜米茶

艾草性温，能温中逐寒；生姜中的姜辣素则能促进身体血液循环，饮用此茶可帮助湿气排出，驱散体内的寒气，有助于暖胃、开胃，让身体内外保持和谐平衡。

适合这些人

☑ 脾胃虚寒

☑ 乏力、嗜睡

材料

新鲜艾草	30 克
糯米	20 克
生姜	10 克
枸杞子	适量
盐	适量

做法

1 采摘新鲜的艾草加盐和清水泡 5 分钟，洗净；生姜去皮，切丝；枸杞子洗净。

2 用小火将艾草、生姜丝、糯米炒干，倒入枸杞子、适量清水，煮 15 分钟，关火。

3 待降至适宜温度，倒入成品杯中即可饮用。

自制姜汁撞奶

手脚冰凉？喝自制姜汁撞奶吧！中医认为，生姜，味辛、性微温，归肺、脾、胃经，具有温中散寒的作用，可以帮助驱散体内的寒气。

材料

牛奶 ······················ 250 毫升
老姜（或小黄姜）········· 50 克
白糖 ······························ 少许
薄荷叶 ··························· 适量

做法

1 老姜去皮，磨成姜末，放进纱布里，挤出姜汁，搅拌均匀倒入碗中。
2 锅里倒入 250 毫升牛奶，加入白糖，煮到微微冒泡，关火。
3 迅速把牛奶倒进姜汁碗里，跟姜汁撞匀，此时千万不要搅拌。
4 盖上保鲜膜静置 5 分钟，打开保鲜膜，点缀上洗净的薄荷叶即可食用。

适合这些人

☑ 手脚冰凉、怕冷
☑ 经常感冒

暖胃、养胃

乌梅山楂饮

腹部有饱胀感可以喝乌梅山楂饮，含有机酸、黄酮类物质，可以起到生津止渴、健胃消食的作用。

材料

干山楂片 …………………… 10克
乌梅 ………………………… 5克
丁香 ………………………… 5克
冰糖 ………………………… 适量

做法

1 将所有材料（冰糖除外）洗净。
2 在养生壶中加入适量清水，放入干山楂片、乌梅、丁香，煮30分钟，关火。
3 在汤水中加入冰糖调味，待降至适宜温度，倒入成品杯中即可饮用。

适合这些人

☑ 腹部饱胀感
☑ 消化不良

猴头菇山药沙棘茶

胃胀、反酸烧心时可喝猴头菇山药沙棘茶，中医认为，猴头菇味甘，性平，归脾、胃经，具有补脾养胃的作用，帮助缓解食欲不振、胃胀、胃酸过多等不适症状。

材料

干猴头菇20克，沙棘汁50毫升，丁香叶、山药各15克，大麦15克，干山楂5克。

做法

1 所有材料（除沙棘汁外）洗净，备用。
2 倒入养生壶中，加入适量清水和沙棘汁，煮10分钟，关火。
3 倒入成品杯中，饮用即可。

三焦健胃茶

有饱胀感、恶心时喝三焦健胃茶，其含有挥发油、橙皮苷及B族维生素、维生素C等营养成分，可促进消化液的分泌，排出肠管内积气，缓解胃痛。

材料

大米25克，陈皮20克，红枣3枚。

做法

1 陈皮洗净，放锅中炒干，炒至陈皮表面微微变色，取出备用。
2 大米洗净，放入锅中炒至焦黄色，取出，备用；红枣洗净，放入锅中炒至表面焦黄，取出备用。
3 把所有材料放入养生壶中，加入适量清水，煮15分钟即可。

蜂蜜柚子茶

腹胀、呃逆时可喝蜂蜜柚子茶，富含矿物质和抗氧化物质，可帮助开胃、促进消化、调节免疫力。

材料

柚子 …… 1/4 个（约 200 克）
冰糖 …… 20 克
蜂蜜 …… 10 克
盐 …… 适量
薄荷叶 …… 少许
冰块 …… 适量

做法

1 柚子皮和肉分开，用盐把柚子皮表面搓洗干净，去白瓤，留薄薄的黄色外皮部分，切丝，用盐水浸泡 30 分钟。
2 将浸泡好的柚子皮丝挤干放入锅中，放入柚子肉和冰糖，倒入适量清水，小火煮沸，关火放凉。
3 取出，放入成品杯中，倒入适量蜂蜜和冰块，搅拌均匀，点缀上洗净的薄荷叶即可饮用。

散结节养生饮

桂花雪梨饮

干咳咽痛可喝桂花雪梨饮，含维生素 C、膳食纤维、钾、类黄酮等，可帮助改善肺结节引起的咳嗽、咽喉疼痛等症状。

材料

雪梨 ………… 1个（约160克）
桂花蜜 ………………………… 10毫升

做法

1 将雪梨洗净，切片，放养生壶中，加适量清水，煮15分钟，关火。
2 待降至适宜温度，取出雪梨片，盘放在成品杯中，撒上桂花蜜，将养生壶中梨水倒入成品杯中即可饮用。

适合这些人

☑ 干咳
☑ 喉咙疼痛

诺丽果枸杞散结饮

乳腺结节患者可以尝试饮用诺丽果枸杞散结饮，这种饮品含有多种生物活性成分，如多酚类化合物、三萜类化合物等，具有抗炎、抗氧化的作用，能够帮助减轻炎症反应，缓解乳腺结节带来的不适。

材料

红枣 …………………………… 3 枚
干诺丽果片 …1 片（约 15 克）
冰糖 …………………………… 少许
枸杞子 ………………………… 少许

Tips

干诺丽果片是黑色的，鲜的不能食用。

做法

1 将干诺丽果片、红枣、枸杞子洗净，备用。
2 养生壶中放入干诺丽果片、红枣、枸杞子、冰糖，倒入适量清水，煮至沸腾，关火。
3 待降至适宜温度，倒入成品杯中，即可饮用。

适合这些人

☑ 乳房有肿块

桂圆玫瑰红茶

肝郁、有甲状腺结节可喝桂圆玫瑰红茶，含膳食纤维、玫瑰花鞣酸类化合物等营养，可以起到活血化瘀、温胃健脾、疏肝解郁的作用。

材料

鲜桂圆 3 个，干玫瑰、红茶各 5 克，黄冰糖少许。

做法

1 桂圆去皮，去核，取果肉备用。
2 养生壶中倒入处理好的桂圆、红茶和黄冰糖，用勺子压一下使桂圆出汁。
3 倒入适量清水，煮到沸腾后，加干玫瑰花煮 1～2 分钟，捞出，关火，待降至适宜温度，倒入成品杯中即可饮用。

罗汉果橘红茶

肺结节患者可饮用罗汉果橘红茶，中医认为，罗汉果味甘性凉，归肺、大肠经，有清热润肺、利咽开音、滑肠通便等作用。可缓解肺结节引发的相关症状，如咳嗽、咽痛。

材料

罗汉果 1 个，橘红 3 克。

做法

1 将罗汉果、橘红冲洗干净，罗汉果核剥开，橘红切片。
2 一起放入养生壶中，加适量清水，煮 15～20 分钟即可。

痛经，暖宫热饮

姜枣暖肚驱寒饮

痛经时喝姜枣暖肚驱寒饮，能温阳散寒，促进血液循环，帮助身体快速驱散寒气，辅助改善宫寒让经血通畅。

材料

红糖 ………………………… 30 克
红枣 ………………………… 5 枚
生姜 ………………………… 20 克
西米 ………………………… 20 克
枸杞子 ……………………… 5 克
红茶包 ……………………… 1 个

做法

1 红枣、枸杞子、生姜洗净，生姜切片。把生姜片、红枣、枸杞子放入养生壶中，加适量清水，煮沸，关火。
2 另起锅，倒入西米和适量清水煮到西米透明，捞出，过凉水。
3 将养生壶中煮好的姜枣枸杞水倒入成品杯中，再倒入红糖、红茶包和煮好的西米，盖上盖闷 10 分钟即可。

适合这些人

☑ 月经肚子疼
☑ 小腹冷胀、坠痛

红枣桃胶炖奶

痛经时可喝红枣桃胶炖奶，含有膳食纤维、半乳糖、鼠李糖、α－葡萄糖醛酸等营养成分，可为经期女性补充所需营养，有助于缓解疲劳和痛经，并调节免疫力。

材料

牛奶 …………………… 200 毫升
桃胶 …………………… 20 克
红枣 …………………… 5 枚
枸杞子 ………………… 少许
冰糖 …………………… 少许

做法

1. 红枣洗净，去核，切开；桃胶加水泡 12 小时，泡至没有硬块，再去除杂质。
2. 将桃胶放入锅中，加水，盖盖子炖煮 30 分钟。
3. 加入切开的红枣、枸杞子、牛奶和适量冰糖再煮 20 分钟即可。

适合这些人

☑ 经期乏力
☑ 经期四肢酸痛

气血双补五红饮

经少色淡时可喝气血双补五红饮，富含矿物质、维生素 B_2 等营养成分，助力气血生成，增强体力。

材料

红豆 20 克，红皮花生米 15 克，红枣 3 枚，枸杞子、红糖各少许。

做法

1 红豆、红皮花生米提前泡 2 小时；红枣洗净，去核。

2 养生壶中加入适量清水，倒入红豆、红枣、枸杞子和红皮花生米，煮 30 分钟，加红糖，关火，待降至适宜温度，倒入成品杯中，即可饮用。

适合这些人

- ☑ 月经量少
- ☑ 经血颜色淡

桑葚玫瑰热饮

痛经时喝桑葚玫瑰热饮，含有多种维生素、矿物质，能为身体补充营养物质，可帮助缓解经血不畅。

材料

桑葚 50 克，枸杞子 10 克，山楂干片 5 克，干玫瑰花适量，冰糖适量。

做法

1 先将桑葚、枸杞子、山楂干片、干玫瑰花洗净，备用。

2 将上述材料放入养生壶中，加入适量清水，煮 15 分钟，加冰糖，关火，待降至适宜温度，倒入成品杯中即可。

Tips

孕妇特别是孕早、晚期不宜饮用。

适合这些人

- ☑ 头痛、头晕
- ☑ 血块多、腹痛

姜枣橘子汁

经期小腹寒痛时可喝姜枣橘子汁，含维生素 C、姜辣素等营养成分，可以缓解经期不适。此外，红枣还有温补的作用，非常适合经期食用。姜性温，可以暖身祛寒，缓解因受寒而引发的痛经。

材料

橘子 200 克，红枣 4 枚，生姜 10 克。

做法

1 橘子去皮，分瓣，去子，切成小块；红枣洗净，去核，切碎；生姜洗净，切碎。
2 将上述材料一同放入榨汁机中，加适量饮用水搅打成汁后倒入杯中即可饮用。

适合这些人

☑ 小腹寒痛
☑ 四肢无力

适合这些人

☑ 面色苍白、乏力
☑ 子宫痉挛

Tips

蜂蜜替代法：如果希望口感更甜美，可以在姜水降温后加入适量蜂蜜，中和辛辣并增添甜味。

生姜红糖水

痛经时可喝一杯生姜红糖水，生姜可以促进血液循环、缓解子宫平滑肌痉挛，温热的糖水可以帮助经血更顺畅地排出，缓解痛经的症状。

材料

生姜 20 克，红糖 10 克。

做法

1 将生姜洗净去皮，切成极细的丝。
2 将切好的生姜丝放入养生壶中，加入清水，煮 10 分钟。
3 关火后，加入红糖搅拌均匀，使其完全化开，倒入成品杯中即可饮用。

第五章

春养肝、夏消暑、秋润燥、冬暖身，不同时节的养身饮品智慧

春日养肝茶

养肝明目，清热祛湿

山楂玫瑰花茶

立春

立春时节，万物复苏，阳气初生，宜疏肝健脾。饮用山楂玫瑰花茶可活血化瘀、疏肝解郁，帮助身体唤醒生机，顺应春季的变化。

适合这些人

- ☑ 消化不良
- ☑ 情绪易低落
- ☑ 手足不温

材料

干山楂片5克，干玫瑰花5克，冰糖少许。

做法

1 干山楂片和干玫瑰洗去浮尘。
2 将干山楂片、干玫瑰花放入养生壶中，注入适量清水，大火煮开后，转小火煮5~8分钟。
3 加入冰糖调味，再煮5分钟，关火，待降至适宜温度即可饮用。

莲子山药红枣茶

雨水

雨水时节，湿气渐重，饮用莲子山药红枣茶可健脾祛湿、养心安神、温暖身心，助力身体适应湿润气候。

适合这些人

- ☑ 血气不足
- ☑ 消化功能弱
- ☑ 睡眠质量差

材料

莲子10克，干山药10克，红枣3枚，冰糖少许。

做法

1 莲子、干山药和红枣分别洗净备用。
2 将莲子、干山药、红枣放入养生壶中，注入适量清水，煮20~30分钟，直至食材软糯。
3 加入冰糖调味，再煮5分钟，关火，待降至适宜温度即可饮用。食材也可以一同食用，以增加营养的摄入。

惊蛰

党参红枣枸杞茶

惊蛰时节，春雷初响，万物复苏，人体也处于阳气升发、气血调和的关键时期。饮用党参红枣枸杞茶可帮助补气养血、提振精神。

适合这些人

- ☑ 气血亏虚
- ☑ 脸色苍白
- ☑ 乏力

材料

红枣 5 枚，党参 10 克，枸杞子 5 克，冰糖少许。

做法

1 党参、红枣、枸杞子分别洗净，红枣去核。
2 将上述材料放入养生壶中，加适量清水，煮 20 分钟。
3 加入冰糖调味，再煮 5 分钟，关火，待降至适宜温度即可饮用。

春分

白术茯苓甘草茶

春分时节，气温回升，昼夜平分，自然界阴阳平衡。人体在这一时期也需要调整自身阴阳平衡。饮用白术茯苓甘草茶可帮助健脾利湿，调和身体。

材料

茯苓 9 克，生白术、炙甘草各 5 克，冰糖少许。

做法

1 生白术、茯苓、炙甘草洗净备用。
2 将生白术、茯苓、炙甘草放入养生壶中，加适量清水，煮 15 分钟左右。
3 加入冰糖调味，再煮 5 分钟，关火，待降至适宜温度即可饮用。

适合这些人

- ☑ 易疲倦乏力
- ☑ 食欲不振
- ☑ 消化不良

清明

白芍枸杞菊花茶

清明时节，气温逐渐升高，饮用白芍枸杞菊花茶可帮助养血柔肝、清肝明目、舒缓压力，更好地享受春日美好。

适合这些人

- ☑ 头晕目眩
- ☑ 视物模糊
- ☑ 口干口苦

材料

生白芍 9 克，枸杞子 5 克，菊花 2 克，冰糖少许。

做法

1 生白芍、枸杞子、菊花分别用清水冲洗干净备用。
2 将生白芍放入养生壶中，加水煮沸后转小火煮 10 分钟，关火，再加入枸杞子、菊花、冰糖，闷泡 5~10 分钟。待降至适宜温度即可饮用。

薏米山药薄荷茶

谷雨

谷雨时节，雨水充沛，饮用薏米山药薄荷茶可帮助健脾化湿，疏肝清火、提神醒脑，为即将到来的夏季做好准备。

材料

薏米 15 克，干山药 10 克，薄荷叶 3 克，冰糖少许。

做法

1 薏米、干山药洗净；薄荷叶洗净。
2 将薏米、干山药放入锅（或养生壶）中，加入清水，大火煮沸后转小火煮 15 分钟，加入薄荷叶再煮 5 分钟。
3 加入冰糖调味，再煮 5 分钟，关火，待降至适宜温度即可饮用（可用洗净的薄荷叶点缀）。

适合这些人

- ☑ 四肢沉重
- ☑ 酸楚乏力
- ☑ 胃口不开

夏日续命水

清暑热解，生津止渴

党参麦冬瓜皮茶

立夏

立夏时节，气温上升，饮用党参麦冬瓜皮茶可益气养阴，缓解暑热、生津止渴，帮助身体适应夏季炎热。

材料

党参 9 克，麦冬 6 克，冬瓜皮 5 克，冰糖少许。

做法

1 党参、麦冬、冬瓜皮洗净备用。
2 将党参、麦冬、冬瓜皮放入养生壶中，加入适量清水，煮 20 分钟。
3 加入冰糖调味，再煮 5 分钟，关火，待降至适宜温度即可饮用。

适合这些人

- ☑ 汗多神疲
- ☑ 口干咽燥
- ☑ 湿热乏困

茯苓陈皮扁豆茶

小满

适合这些人

- ☑ 脾胃功能弱
- ☑ 皮肤毛孔疏泄开合功能差
- ☑ 沉重乏力胃口不开

小满时节，湿热交加，饮用茯苓陈皮扁豆茶可帮助健脾化湿，调理肠胃，保持身体清爽。

材料

茯苓 15 克，陈皮 6 克，白扁豆 5 克，冰糖少许。

做法

1 茯苓、陈皮、白扁豆洗净，白扁豆提前浸泡。
2 将茯苓、陈皮、白扁豆放入养生壶中，加适量清水，煮 30 分钟。
3 加入冰糖调味，再煮 5 分钟，关火，待降至适宜温度即可饮用。

芒种

二豆茯苓茶

芒种时节，农忙开始，暑气渐盛，饮用二豆茯苓茶可帮助清热利湿，提神解乏，助力身体保持活力。

适合这些人

- ☑ 久坐少动
- ☑ 头身困重
- ☑ 不易出汗

材料

白扁豆、赤小豆各 15 克，茯苓 3 克，冰糖少许。

做法

1 白扁豆、赤小豆、茯苓洗净。
2 将豆类放入锅中，加入适量清水，大火煮沸后转小火煮 20 分钟，加入茯苓再煮 5 分钟。
3 加入冰糖调味，再煮 5 分钟，关火，待降至适宜温度即可饮用。

夏至

小麦百合红枣茶

夏至时节，阳气最盛，阴气初生。此时气温升高、湿度增大，暑湿夹攻，易导致心神不宁，饮用小麦百合红枣茶可帮助养心安神，滋补身体。

材料

红枣 5 枚，淮小麦 15 克，干百合 6 克，冰糖少许。

做法

1 淮小麦、干百合、红枣洗净，红枣去核，淮小麦、干百合泡 1 小时。
2 将上述材料放入锅中，加适量清水，大火煮沸后小火慢炖 30 分钟。
3 加入冰糖调味，再煮 5 分钟，关火，待降至适宜温度即可饮用。

适合这些人

- ☑ 倦怠乏力
- ☑ 心烦不寐
- ☑ 体质虚弱

小暑

荷叶洋参茶

小暑时节，炎热加剧，饮用荷叶洋参茶可帮助益气生津，清热解暑，为身体带来一丝清凉。

材料

西洋参片 6 克，干荷叶 5 克，冰糖少许。

做法

1 将干荷叶、西洋参片分别用清水冲洗干净。
2 将干荷叶、西洋参片放入锅中，加入适量清水，煮沸后转小火煮 20 分钟。
3 加入冰糖调味，再煮 5 分钟，关火，待降至适宜温度即可饮用。

酸梅汤

大暑时节，酷暑难耐，饮用酸梅汤可生津止渴，消暑降温，是夏日里的解暑佳品。

材料

干山楂片 10 克，陈皮 5 克，乌梅 3 个，甘草 3 克，冰糖少许。

做法

1 将乌梅、干山楂片、甘草、陈皮分别用清水冲洗干净。
2 将洗净的材料放入锅中，加入适量清水，大火煮沸后转小火煮 30 分钟。
3 加入冰糖调味，再煮 5 分钟，关火，待降至适宜温度即可饮用。

大暑

秋天补气茶

润肺滋阴，防燥护肺

百合雪梨红枣茶

立秋

立秋时节，凉风渐起，饮用百合雪梨红枣茶可帮助润肺止咳，滋阴养颜，是很好的秋日养生饮品。

材料

雪梨半个（约 80 克），红枣 5 枚，干百合 9 克，冰糖少许。

做法

1 将干百合、雪梨、红枣分别用清水冲洗干净，雪梨去核，切块，红枣去核备用。
2 将所有材料（除冰糖外）放入锅中，加入适量清水，煮沸后转小火煮 20 分钟。
3 加入冰糖调味，再煮 5 分钟，关火，待降至适宜温度即可饮用。

适合这些人

- ☑ 燥热伤津
- ☑ 口干咽干
- ☑ 舌红少苔

玄参麦冬玉竹茶

处暑

处暑时节，暑去凉来，饮用玄参麦冬玉竹茶可帮助滋阴润燥，使身体适应季节变换。

材料

麦冬 8 克，玄参 5 克，生玉竹 2 克，冰糖少许。

做法

1 将玄参、麦冬、生玉竹分别用清水冲洗干净。
2 将上述材料放入锅中，加入适量清水，煮沸后转小火煮 15 分钟。
3 加入冰糖调味，再煮 5 分钟，关火，待降至适宜温度即可饮用。

适合这些人

- ☑ 秋燥伤津
- ☑ 便结难行
- ☑ 口舌干燥

白露

养正辟邪茶

白露时节，昼夜温差大，饮用养正辟邪茶可帮助增强体质，抵御外邪。

材料

黄芪 6 克，生白术 5 克，防风 3 克，冰糖少许。

做法

1 将黄芪、生白术、防风分别用清水冲洗干净，凉水浸泡 30 分钟。
2 将上述材料放入锅中，加入适量清水，大火煮沸后转小火煮 20 分钟。
3 加入冰糖调味，再煮 5 分钟，关火，待降至适宜温度即可饮用。

蜂蜜橘皮山楂茶

秋分

秋分时节，阴阳平衡，气候由热转凉，空气干燥。饮用蜂蜜橘皮山楂茶可帮助润肺健胃，消食化痰。

材料

橘皮 6 克，干山楂片 5 克，蜂蜜少许。

做法

1 将橘皮、干山楂片分别用清水冲洗干净。
2 将上述材料放入锅中，加入适量清水，煮沸后转小火煮 15 分钟，关火。
3 待温热时，加入蜂蜜调味即可饮用。

寒露

黄芪菊花茶

寒露时节，寒气渐重，饮用黄芪菊花茶，可帮助补气固表、养肝明目、清肝泻火。

适合这些人

☑ 口鼻干燥

☑ 双目酸涩

☑ 轻微干咳

材料

红枣3枚，黄芪、枸杞子各5克，菊花3克，冰糖少许。

做法

1 将黄芪、菊花、枸杞子和红枣洗净。

2 将上述材料放入养生壶中，加入足量的清水，煮20分钟。

3 可根据个人口味，加冰糖调味，再煮5分钟，关火，待降至适宜温度即可饮用。

麦芽玉竹桂花茶

霜降

霜降时节，天气渐冷，饮用麦芽玉竹桂花茶可帮助健脾和胃，温中散寒。

材料

麦芽12克，陈皮5克，生玉竹3克，干桂花1克，冰糖少许。

做法

1 将麦芽、生玉竹、陈皮分别用清水冲洗干净。

2 将上述材料放入锅中，加入适量清水，大火煮沸后转小火煮15分钟。

3 待茶水色泽变黄，加入干桂花，焖2分钟，放冰糖调味，再煮5分钟，关火，待降至适宜温度即可饮用。

适合这些人

☑ 消化不良

☑ 咽干口渴

冬日养生茶

温补驱寒，调节免疫力

四君子汤

立冬时节，冬季开始，饮用四君子汤可补气健脾，增强体质。

材料

茯苓 12 克，白术 9 克，人参片（或党参片）、炙甘草各 6 克，冰糖少许。

做法

1 将人参片、白术、茯苓、炙甘草分别用清水冲洗干净。
2 将上述材料放入锅中，加入适量清水，水面略高于材料表面，大火煮沸后转小火煮 20 分钟。
3 加入冰糖调味，再煮 5 分钟，关火，待降至适宜温度即可饮用。

姜枣桂圆茶

小雪时节，雪花初降，阳气潜藏，饮用姜枣桂圆茶可帮助温中散寒，补血安神，为身体带来温暖。

材料

红枣 5 枚，干桂圆肉 15 克，干姜 5 克，冰糖少许。

做法

1 将干姜、红枣分别用清水冲洗干净，干姜切片，红枣去核备用。
2 将红枣、干桂圆肉、干姜片放入锅中，加入适量清水，煮沸后转小火煮 15 分钟。
3 根据个人口味放入冰糖，再煮 5 分钟，关火，待降至适宜温度即可饮用。

大雪

人参红枣茶

大雪时节，气温下降，饮用人参红枣茶可帮助益气补肾，暖身驱寒，是冬日里的滋补佳品。

材料

红枣5枚，人参片6克，生姜片10克，冰糖少许。

做法

1 将人参片、红枣分别用清水冲洗干净，红枣去核。
2 将红枣、人参片、生姜片放入锅中，加入适量清水，煮沸后转小火煮20分钟。
3 加入冰糖调味，再煮5分钟，关火，待降至适宜温度即可饮用。

熟地滋肾茶

冬至

冬至时节，阳气始生，是进补的好时机，饮用熟地滋肾茶可帮助滋阴补肾，健脾益气，为身体补充能量。

材料

山药50克，枸杞子10克，熟地9克，山茱萸6克，陈皮3克，冰糖少许。

做法

1 将熟地、枸杞子、山茱萸、陈皮分别用清水冲洗干净；山药去皮，切块。
2 将上述材料放入锅中，加入适量清水，大火煮沸后转小火煮15分钟。
3 加入冰糖调味，再煮5分钟，关火，待降至适宜温度即可饮用。

小寒

黄芪红枣茶

小寒时节，寒冷加剧，饮用黄芪红枣茶可帮助益气固表，温中散寒，增强身体抵抗力。

材料

红枣 5 枚，黄芪 6 克，生姜片 10 克，红糖少许。

做法

1 将黄芪、红枣分别用清水冲洗干净，红枣去核备用。
2 将黄芪、红枣、生姜片放入锅中，加入适量清水，大火煮沸后转小火煮 20 分钟。
3 加入红糖调味，再煮 5 分钟，关火，待降至适宜温度即可饮用。

琼玉茶

大寒

大寒时节是一年中最冷的时候，人体需要注重养精蓄锐，饮用琼玉茶可帮助润肺养颜，滋补身体，为新的一年蓄满能量。

材料

熟地、茯苓各 9 克，西洋参 6 克，冰糖少许。

做法

1 将西洋参、熟地、茯苓分别用清水冲洗干净。
2 将西洋参、熟地、茯苓放入锅中，加清水，以没过材料 3～5 厘米为宜，大火煮沸后转小火煮 15 分钟。
3 加入冰糖调味，再煮 5 分钟，关火，待降至适宜温度即可饮用。

图书在版编目（CIP）数据

爆款高颜值养生饮品一本搞定 / 李宁编著. -- 北京：中国轻工业出版社，2025.9. -- ISBN 978-7-5184-5648-2

Ⅰ. TS275.4

中国国家版本馆 CIP 数据核字第 2025BT1484 号

责任编辑：翟　燕

文字编辑：史　岢　　责任终审：高惠京　　设计制作：悦然生活

策划编辑：翟　燕　史　岢　　责任校对：朱　慧　朱燕春　　责任监印：张京华

出版发行：中国轻工业出版社（北京鲁谷东街 5 号，邮编：100040）

印　　刷：北京博海升彩色印刷有限公司

经　　销：各地新华书店

版　　次：2025 年 9 月第 1 版第 1 次印刷

开　　本：710 × 1000　1/16　印张：11

字　　数：200 千字

书　　号：ISBN 978-7-5184-5648-2　定价：58.00 元

邮购电话：010-85119873

发行电话：010-85119832　010-85119912

网　　址：http://www.chlip.com.cn

Email：club@chlip.com.cn

242561S1X101ZBW